Descubriendo la fotovoltaica

Carlos Bueno Blanco

*A mi madre, por la educación que me ha dado
y por ayudarme a escribir esta obra.*

Índice

Parte III. Mitos de la fotovoltaica y panorama mundial

Prólogo

La ciencia nos fascina y nos maravilla. Desde los orígenes de la humanidad ha permitido al hombre desarrollar nuevos inventos y procesos que facilitasen su día a día, reduciendo su esfuerzo a la hora de trabajar, mejorando su calidad de vida, ayudándole a no enfermar y vivir más años. La sociedad actual es resultado de siglos de descubrimientos que la ciencia ha puesto a nuestra disposición. Sin embargo, en este mundo del siglo XXI, donde vivimos en un punto culmen de desarrollo tecnológico, con frecuencia la ciencia se convierte en algo desconocido, a veces incluso tristemente en algo denostado.

Hoy día casi todo el mundo tiene un teléfono móvil en su mano, pero desconoce cómo los dispositivos intercambian información entre ellos. Conducimos vehículos, ya sean con motores térmicos o eléctricos, pero no se comprende cómo se transforma la electricidad o la energía química de los combustibles en movimiento. Empleamos la electricidad para casi todo, pero se ignora cómo se genera o distribuye. Me atrevería a decir que vivimos en la sociedad más tecnológica de la historia, pero a la vez menos consciente de esa tecnología.

Evidentemente, resulta muy difícil comprender el funcionamiento de cada cosa con la precisión de un experto en la materia, pero el interés y la curiosidad por entender el mundo que nos rodea es un hábito que deberíamos tratar de implementar en nuestro día a día. De hecho, esto es algo innato de las personas, pues desde muy pequeños, exploramos, vemos, tocamos, saboreamos, hacemos preguntas a nuestros padres y hermanos mayores. Durante los primeros años de nuestra vida aprendemos, me atrevería a decir, casi tantos conocimientos y habilidades como en la vida adulta.

El ser curioso es una virtud en doble sentido. No solo nos ayuda a seguir formándonos y aprendiendo, también nos hará menos propensos a la llamada "desinformación". Esta desinformación es un arma peligrosa porque se sirve de la tecnología para llegar a todo el mundo y así causar más daño. Sin embargo, gracias a la curiosidad y el afán por aprender, podemos desarrollar un pensamiento crítico, diferenciar aquello que es cierto de lo que no, y en definitiva contribuir a crear una sociedad más instruida y resistente a las falacias.

Cuando queremos aprender sobre algo, necesitamos de fuentes de conocimiento e identificarlas no es una tarea sencilla. Con frecuencia puede colarse algo de la famosa desinformación que debemos aprender a detectar. Además, no todas las fuentes son accesibles para todos, ya que ciertos textos están orientados a gente con una formación previa en esa disciplina. Creo que la desconexión, nunca mejor dicho, entre la ciencia y la sociedad, se debe en parte a la incapacidad de hacer la ciencia entendible y accesible al público general.

Al iniciar las primeras líneas de este libro, estaba repasando mi tesis doctoral, en la cual realicé una profunda revisión bibliográfica para fundamentar cada explicación en ella recogida. Tras cinco años investigando sobre energía solar fotovoltaica, me encontraba en situaciones en las que me costaba comprender algunos de los textos que estaba leyendo para mi tesis. Fue cuando pensé que, aunque tengas toda la información del mundo, si no eres capaz de desentrañarla, de nada te servirá, y eso ocurre a menudo cuando quieren explicarse conceptos complejos.

Hoy día no podemos imaginar nuestra vida sin energía eléctrica. La electricidad puede ser generada de distintas formas, y entre ellas encontramos una tecnología muy de moda: la energía solar fotovoltaica. Nos hacemos una idea vaga de su funcionamiento. Se trata de paneles metálicos que, al recibir la luz solar, producen electricidad. Esta explicación podría darla cualquier persona, pero es una respuesta muy simple para todo lo existente detrás de un módulo fotovoltaico.

En este libro, que tiene entre sus manos, he intentado plasmar los conceptos necesarios para comprender el funcionamiento de la fotovoltaica desde una visión que trato de adaptar al público en general. Mi idea es que este texto sea accesible para cualquiera, sin necesidad de tener una formación específica en ciencias técnicas. Esto no es para nada sencillo, y puede ser que alguna explicación pueda no parecerle del todo clara. Sin embargo, le animo a que, si esto le ocurre, no se estanque y continúe su lectura, porque estoy seguro de que se quedará con las ideas generales más importantes tratadas en el texto. En él recorreremos cada una de las etapas necesarias para transformar la energía proveniente del Sol en electricidad a lo largo de los diez capítulos, divididos en tres partes.

En la primera me centraré en los aspectos más fundamentales de la tecnología. Cómo es la energía proporcionada por el Sol, las características de los materiales usados en fotovoltaica y cómo una célula solar transforma la radiación solar en corriente eléctrica. Quizá esta parte sea la más complicada de entender, por lo que he añadido un glosario de términos que resaltaremos a lo largo del texto, y espero que les sirva de ayuda en la lectura.

En la segunda parte abordaré aspectos más prácticos relacionados con el proceso de fabricación de los dispositivos fotovoltaicos, sobre todo aquellos que emplean silicio, el material más común de la industria fotovoltaica. También explicaré cómo combinar las células para construir los módulos o paneles, los elementos generadores de potencia instalados en plantas generadoras y edificios. Desarrollaré también los aspectos a considerar cuando quiere diseñarse una instalación y cómo funcionan los elementos adicionales a los módulos como el inversor o las baterías.

La tercera y última parte es una visión más personal, donde llevo a cabo un análisis de lo que llamo "mitos de la fotovoltaica", unas ideas concebidas en los últimos años en contra de esta tecnología. Evidentemente, no existe una herramienta mágica y todo proceso, producto o tecnología tiene aspectos negativos. Sin embargo, a la hora de valorar el uso de esta tecnología de generación, debemos distinguir los hechos reales de las teorías basadas en la anteriormente mencionada desinformación. También he querido ofrecer en esta parte un análisis acerca del presente y el futuro de la fotovoltaica en el mundo, tratando de enseñar una foto actual junto a mi visión y la de ciertas instituciones del ámbito de la energía, de lo que nos deparan las próximas décadas.

Dicho esto, es hora de iniciar este viaje para descubrir la energía solar fotovoltaica. Espero de corazón que la experiencia que se lleven de esta aventura no solo les ayude a entender mejor esta tecnología, que será clave en los próximos años, sino que les despierte esa curiosidad por seguir investigando y aprendiendo.

PARTE I:

Conceptos sobre la célula solar

Capítulo 1

¿Qué es la radiación solar?

El Sol es una enorme fuente de energía gracias a la cual la vida es posible en este diminuto punto azul del universo que es nuestro planeta. Esta energía no es solo fuente de luz y calor, también es necesaria para activar los procesos y reacciones bioquímicas en los seres vivos. Entre los numerosos ejemplos de estas reacciones encontramos la fotosíntesis de las plantas, por la cual crecen y generan el oxígeno que respiramos a partir de la materia inorgánica, o la producción de vitamina D en el cuerpo humano, la cual es necesaria para fijar el calcio en los huesos.

A lo largo de la historia, el astro rey ha fascinado a los humanos, siendo estudiado desde los orígenes de la humanidad, e incluso venerado y considerado una deidad en algunas culturas. Los primeros estudios científicos acerca del Sol se realizaron en la Grecia clásica, hace más de 2000 años. Aquí encontramos las primeras explicaciones y estudios realizados por Anaxágoras, Eratóstenes de Cirene o Aristarco de Samos. Ya en épocas más modernas podemos citar las contribuciones de astrónomos que seguro conocerán. Nicolas Copérnico, quien dio forma con matemáticas al modelo heliocéntrico, que situaba al Sol en el centro del Universo y a los planetas girando a su alrededor, un modelo introducido siglos atrás por Aristarco. Por otro lado, Johaness Kepler, quien calculó las órbitas de los planetas del sistema solar. Posteriormente, ya en el siglo XVII, el astrónomo italiano Galileo Galilei, realizó las primeras observaciones del astro en un mayor detalle.

Hoy día sabemos muchos datos del Sol. Calculamos con precisión su movimiento, conocemos su composición química, que alcanza una temperatura de en torno a 6.000 grados en su superficie, predecimos sus periodos de máxima actividad y, por supuesto, tenemos miles de imágenes disponibles gracias a los potentes telescopios. Sabemos que la energía que desprende nuestra estrella es fruto de reacciones nucleares de fusión, donde los átomos de hidrógeno se unen entre sí formando átomos de mayor tamaño. Esta energía se propaga en forma de **radiación** a través del vacío del espacio y cruza aproximadamente 150 millones de kilómetros de distancia para llegar a nuestro planeta.

Ahora bien, si el Sol proporciona luz, calor, energía para la fotosíntesis, o la producción de vitamina D, ¿puede esa energía transformarse en electricidad? Esto es posible gracias a los módulos o paneles fotovoltaicos. El proceso de conversión de la luz solar en energía eléctrica es un tema que abordaremos más adelante, pero debemos empezar a construir la casa por los cimientos. Antes de aventurarnos en analizar cómo funciona un módulo fotovoltaico, primero debemos comprender las características de la fuente de energía que los hacen funcionar: la **radiación solar.**

En este primer capítulo explicaremos qué es la radiación solar, de qué se compone y cómo se propaga. También hablaremos de espectros, no los de los programas de medianoche que dan un poco de mal rollo, sino de **espectros electromagnéticos**. Prestad atención, porque conociendo bien este concepto, no solo estarán más cerca de aprender cómo funciona la fotovoltaica, sino también podrán comprender muchos de los procesos físicos del mundo que nos rodea.

Las ondas electromagnéticas

Cuando vamos a la playa podemos observar las olas en el mar. Las olas en su movimiento oscilatorio tienen una energía asociada. Realmente no mueven el agua hacia delante de forma permanente, sino que esta sube y baja gracias a la energía transmitida por el oleaje. Sobre las olas puede haber un surfista, el cual aprovecha esta energía para desplazarse sobre la superficie del mar. Una **onda electromagnética** es equivalente a una ola del mar; transmite una cantidad de energía, pero en vez de variar la altura del agua, lo que varía es su campo electromagnético. En este ejemplo encontramos el **fotón,** una partícula equivalente al surfista cabalgando la ola, propagándose gracias a la onda electromagnética. Es importante saber que, del mismo modo que no hay surfista sin su ola, no existe fotón sin onda.

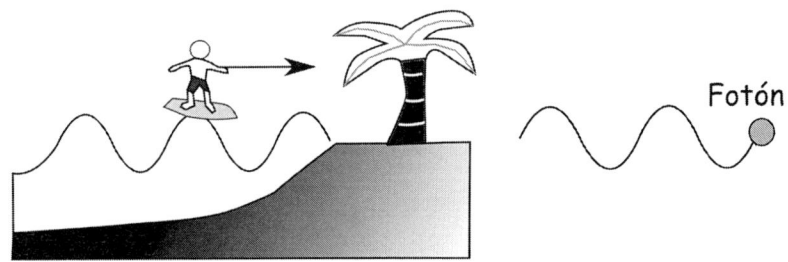

Un fotón sería equivalente a un surfista
que se mueve con su ola

Cuando hablemos de ondas electromagnéticas propagándose en el espacio, estaremos hablando también de propagación de fotones. A diferencia de las olas, que solo pueden propagarse por la superficie del agua, las ondas electromagnéticas pueden transmitirse a través de cualquier medio, ya sea sólido, líquido, gaseoso o incluso el vacío del espacio exterior y en las tres dimensiones del espacio. Por este motivo, la energía generada por el Sol llega a nuestro planeta al transmitirse a través de este tipo de ondas.

Tipos de ondas electromagnéticas

Imaginen que se encuentran en un océano inmenso subidos a un barco, rodeados de olas por todas partes. Esas olas azotan el barco y, dependiendo de su forma, pueden hacer peligrar la integridad de nuestra embarcación o no hacerle ni cosquillas. Nosotros mismos somos ese barco, el océano es el mundo donde vivimos y las olas vuelven a representar las ondas electromagnéticas. Y es que estamos constantemente rodeados de estas ondas, o lo que es lo mismo, fotones que se propagan en todas las direcciones del espacio.

Con seguridad, en algún programa de televisión habrán mencionado las radiaciones de los teléfonos móviles, tendrán casi seguro un microondas en casa, o se habrán hecho alguna radiografía tras una mala caída o un golpe. Pues bien, aunque los móviles, los microondas y los aparatos de rayos X parece que no tengan nada que ver entre sí, todos son elementos emisores de ondas electromagnéticas. Pero, si las ondas de los móviles, las del microondas y los rayos X son todas fotones en movimiento, ¿en qué se diferencian unas de otras?

Del mismo modo que existen olas como las de un tsunami y otras que son una pequeña marejada, encontramos fotones con mucha más energía que otros. Podemos distinguir las olas por su altura, y en el caso de los fotones lo haremos por su **longitud de onda** o su **frecuencia**. ¿Les suenan las antenas telefónicas de radiofrecuencia que se colocan sobre los edificios? Pues estas estructuras emiten fotones con una determinada frecuencia empleada para dar cobertura a nuestros terminales. Lo que diferencia a los aparatos emisores de ondas electromagnéticas es la energía de los fotones que producen, y esta energía puede calcularse a partir de su longitud de onda o su frecuencia con la siguiente expresión:

$$Energía = h \cdot \frac{Velocidad\ de\ la\ luz}{Longitud\ de\ onda} = h \cdot Frecuencia$$

En la ecuación entran los parámetros característicos de la onda y dos números que son valores constantes: la llamada constante de Planck *h* y la velocidad de la luz en el vacío.

En la ilustración de la página siguiente hemos representado todos los tipos de fotones existentes en el universo, junto a los valores de las longitudes de onda que se miden en unidades de longitud, y las frecuencias en hercios para cuatro casos específicos: los fotones de ondas de radio, las microondas, los rayos X y los fotones de color verde que son algunos de los emitidos por el Sol.

Debajo de la imagen podemos ver una tabla con los prefijos empleados para las unidades de medida en el sistema internacional. Estos prefijos se usan para expresar unidades sin necesidad de usar números larguísimos. Por poner un ejemplo, decimos que entre Madrid y Barcelona hay unos 600 kilómetros, en vez de 600.000 metros, o que cocinando una salsa echamos 5 gramos de sal en vez de 0,005 kilogramos. Los prefijos van en relaciones de multiplicar o dividir por 1.000, por ejemplo: 1 MHz (megahercios) son 1.000 kHz (kilohercios), o 1.000.000 Hz (hercios). A lo largo del libro usaremos distintas unidades de medida con sus prefijos correspondientes.

¿Qué es la radiación solar?

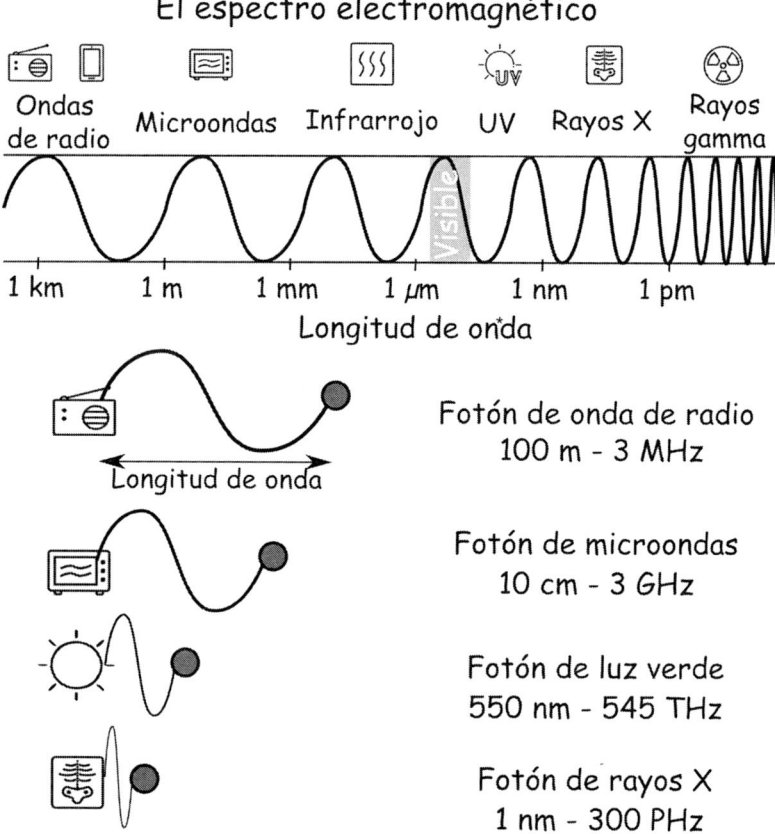

El espectro electromagnético

Ondas de radio · Microondas · Infrarrojo · UV · Rayos X · Rayos gamma

Visible

1 km · 1 m · 1 mm · 1 μm · 1 nm · 1 pm

Longitud de onda

Longitud de onda

Fotón de onda de radio
100 m - 3 MHz

Fotón de microondas
10 cm - 3 GHz

Fotón de luz verde
550 nm - 545 THz

Fotón de rayos X
1 nm - 300 PHz

Prefijos de las unidades del Sistema Internacional de Unidades								
Peta (P)	Tera (T)	Giga (G)	Mega (M)	Kilo (K)		Mili (m)	Micro (μ)	Nano (n)
10^{15}	10^{12}	10^9	10^6	10^3	1	10^{-3}	10^{-6}	10^{-9}

La cantidad de energía de una onda electromagnética es proporcional a su frecuencia e inversamente proporcional a su longitud de onda. Esto significa que, a más frecuencia, más energía y a mayor longitud de onda, menos. Por poner un ejemplo, las ondas de radio, entre las cuales se encuentran las empleadas por la tecnología 5G, poseen una energía mínima en comparación con la luz visible, pues sus longitudes de onda son del orden de los centímetros. Tienen 100.000 veces menos energía. Este dato nos permite concluir que el uso de las tecnologías de telecomunicación no tiene por qué tener un efecto mayor en los organismos vivos que la propia luz solar.

Estamos rodeados de fotones por todas partes. No solo por los asociados a las ondas de telecomunicación, la luz solar o la luz generada por bombillas. Incluso nosotros mismos somos fuentes de fotones, simplemente por el hecho de estar vivos. En nuestro caso emitimos calor como cualquier animal y este también se transmite a través de ondas electromagnéticas. Por tanto, no tenemos por qué tener miedo de las radiaciones electromagnéticas, pues estas son algo natural. Solo debemos conocer cuáles de ellas, las de pequeña longitud de onda, pueden tener efectos considerables en nosotros.

La radiación solar

En el año 1667, Isaac Newton, el famoso científico de la manzana, descubrió que cuando la luz solar atravesaba un prisma de vidrio, esta se descomponía formando un abanico de luces de distinto color. A través de este experimento, llegó a la conclusión de que la luz solar estaba compuesta por la suma de todas las luces de colores, algo que podemos apreciar cuando observamos el arcoíris en un día lluvioso. Estos colores son fotones de una longitud de onda específica que nuestros ojos pueden percibir y asociar a una tonalidad. Por ejemplo, las hojas de las plantas son verdes porque al incidir los fotones del Sol sobre ellas, absorben todos menos aquellos de longitud de onda cercana a 550 nm. Estos rebotan sobre la hoja, llegan a nuestro campo visual y nuestros ojos los perciben como el color verde. Así, los colores azules se corresponden con fotones de longitud de onda de unos 450 nm, los amarillos 600 nm y los rojos 700 nm.

Newton solo pudo observar los colores del arcoíris, pero el Sol emite más fotones aparte de los responsables de los colores, aunque no sean perceptibles al ojo humano. Unos 130 años más tarde de los descubrimientos de Newton, el astrónomo germano-británico William Herschel trataba de evaluar la energía asociada a los distintos colores del espectro visible. En su experimento, descomponía la luz incidente con un prisma como el de Newton y situaba un termómetro en las franjas iluminadas por cada color. Para sorpresa de Herschel, un termómetro situado cerca de la franja roja, pero que no estaba iluminado, experimentó un crecimiento de temperatura. De esta forma, dedujo la existencia una radiación que, pese a ser imperceptible, sí transmitía energía. Herschel estaba observando el efecto de la radiación **infrarroja**.

Prácticamente al mismo tiempo, el físico alemán Johann Wilhelm Ritter estaba midiendo la velocidad a la cual una sustancia química se oscurecía al exponerla a los distintos colores de la luz visible. Resultó que, al situar el químico al lado de la franja añil, pero sin estar iluminado aparentemente, la sustancia también se oscurecía. De este modo, Ritter descubrió la radiación **ultravioleta**.

El Sol es una fuente de radiación electromagnética, o lo que es lo mismo, una fuente de fotones. El Sol nos envía fotones cuya longitud de onda va desde los 250 nm hasta casi los 4.000 nm. Cuando hablamos de un conjunto de fotones, podemos hablar de radiación, por lo que definimos la **radiación solar o espectro solar** como el conjunto de fotones emitidos por el Sol. Esta puede dividirse a su vez en tres fracciones. La radiación ultravioleta que va de 250 a 400 nm, la radiación visible desde 400 nm a unos 700 nm, y la radiación infrarroja, desde los 700 nm hasta aproximadamente los

4.000 nm. La cantidad de fotones emitidos por el Sol para cada longitud de onda es variable, siendo la mayor parte aquellos presentes en el rango de longitudes de onda correspondiente a la luz visible.

Los fotones viajan a través del vacío del espacio exterior sin ningún tipo de oposición, pero esto no ocurrirá así al entrar en nuestro planeta. Los gases y partículas que componen la atmósfera terrestre actúan como un filtro, de forma que algunos fotones no llegarán a nosotros. Los que logran pasar este filtro se dividen entre aquellos que no han visto modificada su dirección de propagación desde su entrada, correspondientes a la **radiación directa**, y los dispersados por partículas como el vapor de agua de las nubes cuya trayectoria ha sido alterada, correspondientes a la **radiación difusa.** La cantidad de radiación directa y difusa que nos llega depende del momento del día, así como de las condiciones meteorológicas. Por ejemplo, si el cielo está despejado, la radiación difusa es muy reducida, mientras que, si está encapotado, es la directa la que se reduce sustancialmente, tal y como se aprecia en la siguiente ilustración.

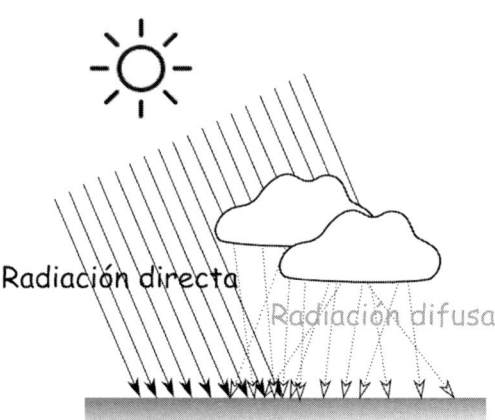

¿Qué es la radiación solar?

El Sol emite prácticamente siempre los mismos fotones, pero la cantidad de ellos que nos llega en forma de radiación directa y difusa cambia dependiendo del momento del día y nuestra localización geográfica. Por ejemplo, en un día de verano al mediodía, el Sol se encuentra en el punto más alto del cielo, por lo que los fotones atraviesan menos atmósfera y llega a nosotros una mayor cantidad. Sin embargo, al atardecer el Sol se aproxima al horizonte, los fotones atraviesan un camino más largo y una mayor cantidad de ellos no alcanzará la superficie terrestre. Este fenómeno lo hemos representado en la siguiente ilustración. La cantidad de atmósfera que debe cruzar un fotón para llegar a la superficie terrestre se expresa con un parámetro llamado **masa de aire.**

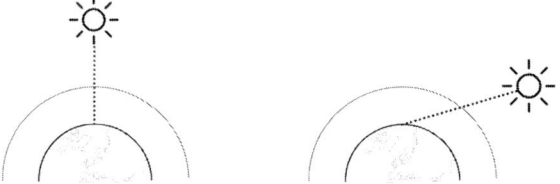

Masa de aire = 1   Masa de aire = 2.5

La masa de aire al mediodía es aproximadamente uno.
Al amanecer y al atardecer la masa de aire es mayor.

La interacción entre la radiación solar y la atmósfera permite explicar los colores del cielo. Por ejemplo, percibimos el cielo de color azul durante el día porque los fotones azules se dispersan en mayor cantidad que el resto. A su vez, esta interacción también explica el color rojizo de los atardeceres que tanto nos gusta fotografiar. Esto se debe a que los fotones de longitud de onda larga correspondientes a estos colores se dispersan principalmente a la salida y puesta del sol.

La posición del Sol

La Tierra gira alrededor del Sol. Este hecho, que hoy día no puede ponerse en duda y que parece tan trivial, trajo en su día una enorme controversia. Afirmar esto en el siglo XVII podría suponer ponerse bajo la lupa de la Inquisición, pues esta idea chocaba con la teoría geocéntrica del universo, defendida por la Iglesia, que colocaba a la Tierra en el centro de este. Hoy sabemos que la posición del Sol en el cielo es consecuencia tanto del movimiento de rotación como de traslación de la Tierra, así como de la inclinación del eje terrestre sobre el plano definido por su órbita de traslación.

La cantidad de radiación incidente sobre una superficie depende tanto de la fuente emisora como de la orientación de dicha superficie respecto a la fuente. Podemos considerar al Sol como un punto de luz en el cielo que emite su radiación en forma de rayos paralelos entre sí, como representamos en la ilustración de la página 23. El ángulo que forman esos rayos respecto a la superficie considerada es esencial para determinar la cantidad de energía incidente sobre ella. Del mismo modo que un portero de fútbol atrapa mejor los balones que van directos a sus manos y le cuesta más atajar los disparos esquinados, los módulos fotovoltaicos absorberán mejor los rayos de luz o los fotones que incidan directamente sobre su superficie.

Volviendo a la posición del Sol, podemos observar que este describe en el cielo una trayectoria con forma de arco. Sale al amanecer por el este, se desplaza hacia el sur ganando altura según nos acercamos al mediodía, y cuando se encuentra justo hacia el sur, empieza a descender por el oeste hasta desaparecer al caer la noche. Esto en realidad no es del todo cierto, porque depende del hemisferio donde nos encontramos. Así pues, nuestros amigos de Australia o Argentina verán un movimiento hacia el norte en vez de hacia el sur. Por otro lado, la posición del Sol cambia durante el año. Aunque el desplazamiento es el mismo de este a oeste, su altura en el cielo es mayor en la época estival y consecuencia de ello es mayor la cantidad de radiación que nos llega.

En la práctica se emplean modelos matemáticos que permiten calcular con sencillez la posición del Sol, así como el ángulo de incidencia de la radiación solar sobre cualquier superficie y en cualquier punto del planeta [1]. Estos parámetros son esenciales para garantizar una óptima disposición de los módulos fotovoltaicos y maximizar su producción de energía.

La energía del Sol

Antes de cuantificar la cantidad de energía proporcionada por el Sol, debemos distinguir entre dos magnitudes que frecuentemente suelen confundirse: **potencia** y **energía.** Imaginen dos personas y que cada una debe mover una caja de un punto A hacia un punto B. Ambas cajas son de iguales dimensiones y peso. La primera persona es más fuerte y la empuja muy rápido, mientras que la segunda tarda más en moverla. Ambas han llevado a cabo el mismo trabajo, pero la primera ha realizado más trabajo por cantidad de tiempo empleado que la segunda, por lo que podríamos decir que es más potente. Por lo tanto, la potencia es igual a la cantidad de energía proporcionada o consumida por unidad de tiempo.

$$Potencia = \frac{Energía}{Tiempo}$$

1.   Bird, R. E. & Riordan, C. Simple Solar Spectral Model for Direct and Diffuse Irradiance on Horizontal and Tilted Planes at the Earth's Surface for Cloudless Atmospheres. Journal of Climate and Applied Meteorology 25, 87–97 (1986).

En sus electrodomésticos, cargadores y dispositivos electrónicos en general, verán que las instrucciones especifican un valor de potencia. Pueden calcular fácilmente el consumo de sus aparatos multiplicando su potencia por el tiempo que se encuentren en funcionamiento. Así, cuando hablamos de potencia. hablamos de **vatios (W)** (más frecuentemente kilovatios kW) de potencia, y cuando hablamos de energía hablamos de **vatios-hora (Wh)** o lo que es lo mismo, potencia desarrollada durante una hora. Si queremos conocer cuánta energía proporciona el Sol, evaluaremos su potencia incidente durante un periodo de tiempo.

Calculamos la potencia proveniente del Sol sumando la contribución de cada uno de los fotones recibidos. Este parámetro recibe el nombre de **irradiancia**. El valor de irradiancia sobre una superficie horizontal al mediodía, cuando el Sol alcanza su punto de mayor altura en el cielo, es aproximadamente 1.000 W/m^2. No obstante, nosotros queremos saber el valor de energía proporcionado, ya que la potencia es un dato para un momento puntual y, como hemos explicado anteriormente, la cantidad de fotones que nos llegan varía a lo largo del día, modificándose en consecuencia el valor de la irradiancia. Teniendo esto en cuenta, podemos calcular un valor medio de energía diaria por metro cuadrado.

Por ejemplo, en España, este valor es mayor en zonas del sur de Andalucía, mientras que en la cordillera Cantábrica es más reducido. Así, la irradiancia media diaria anual en la ciudad de Bilbao es de 3,54 kWh/m^2 al día, y en Almería 5,29 kWh/m^2. Basándonos en los datos disponibles de la Agencia Estatal de Meteorología española, podemos estimar una media nacional de aproximadamente 4,5 kWh/m^2 al día [2]. Esta cantidad de energía irradiada por el Sol en una superficie o lugar específico recibe el nombre de **recurso solar**.

2. Meteorología, A. E. de. Atlas de radiación solar en España - Agencia Estatal de Meteorología - AEMET. Gobierno de España.
https://www.aemet.es/es/serviciosclimaticos/datosclimatologicos/atlas_radiacion_solar.

¿Qué es la radiación solar?

Para ser conscientes de la magnitud de este valor de energía, lo pondremos en perspectiva. Según el informe de consumos del sector residencial en España realizado por el Instituto para la Diversificación y Ahorro de la Energía (IDAE), el consumo eléctrico medio de los hogares españoles en 2022 fue de 3.487 kWh, es decir, aproximadamente 9,6 kWh por día [3]. Esto significa que, en un solo metro cuadrado de superficie, el Sol proporciona más del 45 % de la energía consumida por un hogar medio en forma de electricidad.

La superficie de un país como España es de aproximadamente 500.000 km^2, por lo que si de media el recurso solar es 4,5 kWh/m^2 al día, en un cálculo simple obtenemos que el Sol irradia 2.250.000 GWh de energía diariamente sobre el país mientras que el consumo eléctrico diario medio es de unos 680 GWh según datos de Red Eléctrica de España [4]. Como ven, la cantidad de energía que llega del Sol a la Tierra podría ser suficiente para cubrir nuestras necesidades energéticas, aunque tan solo aprovechásemos una pequeña fracción.

3. Informe Anual de Consumos Energéticos. IDAE (2019).
4. Informe Del Sistema Eléctrico 2022. https://www.sistemaelectrico-ree.es/informe-del-sistema-electrico (2023).

Resumen

La energía de la radiación solar es responsable de que la temperatura de nuestro planeta sea ideal para el desarrollo de la vida, influye en los fenómenos como el viento, las corrientes marinas, el ciclo del agua y los procesos bioquímicos de los organismos vivos como la fotosíntesis o la síntesis de enzimas. Si además fuésemos capaces de aprovechar esta energía para algo más que generar calor, podríamos reducir de forma notable nuestra dependencia de los combustibles fósiles. Además, esta fuente de energía es prácticamente inextinguible, pues no se agotará hasta pasados muchos millones de años, cuando el Sol cumpla su ciclo de vida.

Hemos aprendido que vivimos rodeados de ondas electromagnéticas y que la energía suministrada por el Sol es un conjunto de ellas. Los seres humanos solo podemos percibir con los ojos parte de esas ondas, aquellas correspondientes a los colores de la luz visible. La radiación solar es filtrada por la atmósfera, modificando la cantidad de fotones que llegan a la superficie terrestre. De este modo, la irradiancia o potencia proporcionada por el Sol varía de acuerdo con nuestra localización, el momento del día o la época del año.

¿Cómo conseguimos aprovechar la energía de la radiación solar? ¿Cómo podemos transformarla en electricidad? Vayamos paso a paso amigos. Los módulos fotovoltaicos son los encargados de realizar esa labor. Pero antes de hablar de ellos, debemos conocer su composición, qué es una célula solar y por qué cuando se iluminan, generan corriente eléctrica. Para abordar el proceso de transformación de la radiación solar en corriente eléctrica necesitaremos aprender sobre los materiales semiconductores, los cuales son el componente principal de las células solares.

Capítulo 2

El funcionamiento de los semiconductores

La radiación solar es un conjunto de ondas electromagnéticas que transmiten una enorme cantidad de energía. Si aprovechásemos, aunque solo fuera una pequeña porción, podríamos solventar nuestras necesidades energéticas. Sin embargo, esta energía solo puede ser empleada directamente para generar calor, siendo necesario encontrar un medio para transformarla en electricidad. ¿Cómo podemos llevar a cabo dicho proceso? De forma similar a cuando nuestra piel cambia al exponerse a la luz solar en verano, los materiales reaccionan con la luz, provocando fenómenos físicos y cambios en sus propiedades.

Existen ciertos materiales capaces de generar un voltaje y una corriente eléctrica asociada cuando están iluminados. Esto se debe al efecto **fotovoltaico**, descrito por primera vez en el siglo XIX. En 1839, el físico francés Edmond Becquerel descubrió la posibilidad de generar un voltaje al iluminar una disolución de un ácido. Su dispositivo consistía en un recipiente con dos electrodos metálicos de platino separados por una membrana que al iluminarlo generaba un voltaje funcionando como una pila. Posteriormente, en 1883, el estadounidense Charles Fritts, construyó la primera célula solar sólida, usando selenio recubierto con una capa de oro, un dispositivo cuya eficiencia alcanzaba un 1 %[5].

---

5.   Marques Lameirinhas, R. A., Torres, J. P. N. & de Melo Cunha, J. P. A Photovoltaic Technology Review: History, Fundamentals and Applications. Energies 15, 1823 (2022).

Estos descubrimientos marcaron el inicio del camino hacia el desarrollo de una tecnología basada en unos materiales inexplorados hasta entonces. Hablamos de los semiconductores que, gracias a sus propiedades electrónicas, han permitido desarrollar innumerables aplicaciones, entre ellas las células solares. En este capítulo explicaremos cómo es posible que tanto la célula de Fritts como las células solares comerciales actuales puedan transformar la luz incidente en corriente eléctrica. Empezaremos por comprender qué es exactamente un semiconductor, cuál es su estructura, cómo se comporta eléctricamente y cómo interacciona con la radiación solar.

La unidad básica de la materia, el átomo

El comportamiento y las propiedades de los materiales están relacionados directamente con su composición química. La unidad básica estructural de la materia, ya sea viva o inerte, es el **átomo**. El famoso científico y divulgador estadounidense Carl Sagan decía que todos somos polvo de estrellas (Cosmos: Un viaje personal, 1980-1981), pues todos los elementos de la tabla periódica presentes en la naturaleza tienen su origen en la fusión de átomos más pequeños originados en el crisol del Big Bang. Podríamos afirmar que, los átomos que componen nuestro cuerpo tienen su origen remoto en los albores del universo.

Todos estamos formados por átomos, desde nosotros mismos, hasta una viga de acero, pero nos diferenciamos en el tipo de átomos que nos componen y cómo estos se unen entre sí para formar estructuras más complejas. En la tabla periódica de los elementos encontramos 118 átomos distintos. Algunos se encuentran en la naturaleza, como el carbono, el aluminio o el oxígeno, otros se han obtenido artificialmente, como el tecnecio, el americio o el berkelio, pero todos ellos tienen en común el estar formados por el mismo tipo de subpartículas.

Los protones y neutrones configuran el núcleo atómico, y los electrones orbitan alrededor del núcleo ocupando distintas capas en torno a este. Cada átomo es como un pequeño sistema solar, donde el Sol es su núcleo y los electrones son los planetas girando a su alrededor. Desde el átomo más pequeño de hidrógeno (formado por un protón y un electrón) hasta los más pesados como el uranio-238 (con 92 protones, 146 neutrones y 92 electrones), todos se componen de las mismas subpartículas diferenciándose en su cantidad.

En la ilustración de la página siguiente hemos representado gráficamente la estructura de un átomo de silicio. Su núcleo atómico está formado por 14 protones y 14 neutrones concentrados en el centro de la estructura y a su alrededor 14 electrones forman la corteza electrónica. Los electrones de cualquier átomo se distribuyen en distintos niveles que admiten una máxima cantidad de ellos, localizados más o menos cerca del núcleo. Cuanto más próximo esté el nivel del núcleo, mayor será la fuerza de atracción que este ejerce sobre los electrones (pues la carga eléctrica de los protones es positiva, y la de los electrones negativa). De esta manera, introducimos el concepto del **nivel de valencia**, correspondiente a aquel nivel más alejado del núcleo. Los electrones de este nivel reciben el nombre de electrones de valencia y son los más importantes a la hora de evaluar las propiedades eléctricas de los materiales.

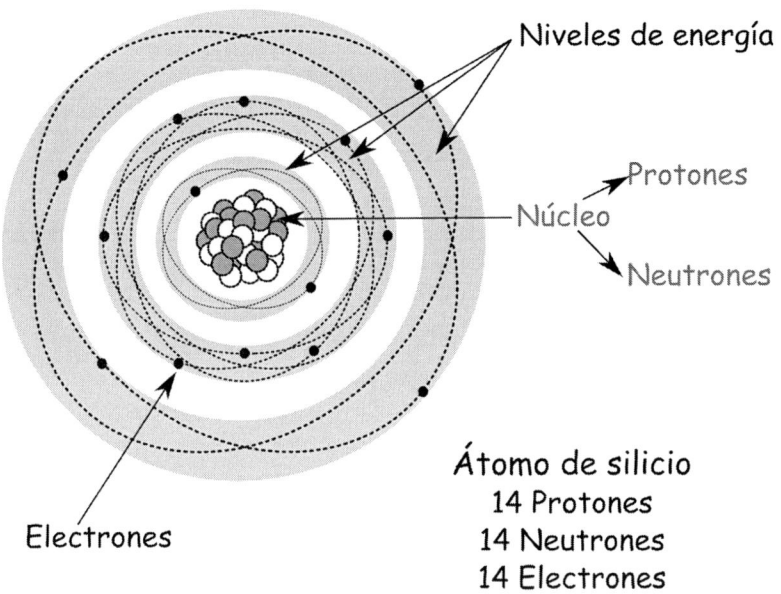

Niveles de energía

Protones

Núcleo

Neutrones

Átomo de silicio
14 Protones
14 Neutrones
14 Electrones

Electrones

Los enlaces atómicos

Los átomos no suelen encontrarse aislados en la naturaleza, sino que tienden a unirse a otros iguales o distintos mediante enlaces, formando unidades estructurales de mayor complejidad. El ejemplo más sencillo es la molécula de agua, formada por la unión de un átomo de oxígeno a dos de hidrógeno. En un vaso de agua encontraremos una enorme cantidad de moléculas con esta estructura. Otro ejemplo es un bloque de acero, resultado de la unión de átomos de hierro, pero que también presenta en una menor proporción carbono, silicio o manganeso. Las propiedades de cada material dependerán de su composición atómica, pero también de cómo sus átomos se unen entre sí.

Cuando dos o más átomos se enlazan, sus electrones de valencia juegan un importante papel. Esto es debido a la tendencia de los átomos a alcanzar una configuración electrónica más estable. La estabilidad se alcanza cuando existe un determinado número de electrones en el nivel de valencia. Para lograr este cometido, establecen enlaces con átomos vecinos a los que sustraerán, donarán o con los que compartirán electrones de valencia. Estos enlaces permitirán que los electrones se muevan o bien queden "anclados" por la unión atómica. Desde el punto de vista electrónico, esto es clave, pues los enlaces deben permitir el movimiento de los electrones para que el material sea conductor de la electricidad. Atendiendo a las propiedades eléctricas de los materiales, podemos clasificarlos en aislantes y conductores.

Un ejemplo de aislante sería el plástico de una botella de polietileno. Los plásticos están formados por largas cadenas de polímeros en los que una unidad básica llamada monómero se repite multitud de veces. Podemos imaginar la estructura atómica de un polímero como la cadena de una bicicleta formada por la unión de eslabones iguales, cada uno correspondiente a un monómero. Estos eslabones están compuestos principalmente por enlaces de carbono con hidrógeno, en los cuales los electrones están anclados a la propia unión atómica formando un **enlace covalente**.

En un enlace covalente, los átomos comparten sus electrones de valencia. En estos enlaces, los átomos de hidrógeno buscan tener dos electrones de valencia (pero solo tienen uno) y los átomos de carbono ocho electrones (pero solo tienen cuatro). En la ilustración de la página siguiente hemos dibujado un fragmento de la molécula de polietileno, representado los núcleos de átomos de carbono en gris, los de hidrógeno en blanco, y los electrones de valencia como puntos negros. Cada átomo de carbono comparte sus electrones con otros dos átomos de carbono y con dos de hidrógeno, representando el enlace con las elipses de color gris. A través de este tipo de enlace, carbono e hidrógeno alcanzan el número deseado de electrones, dos para el hidrógeno y ocho para el carbono, creando un compuesto estable y formando una cadena de átomos.

Cadena de polietileno

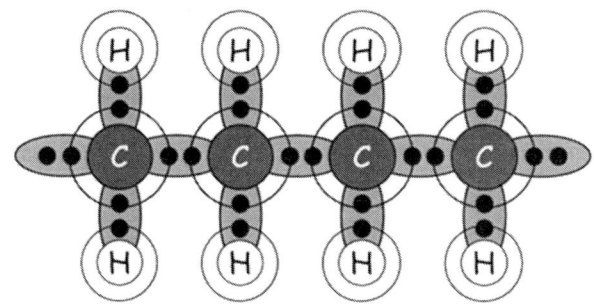

En los aislantes los electrones están
'anclados' por el enlace covalente entre átomos

En los enlaces covalentes, el vínculo existente entre electrones compartidos y núcleos atómicos es muy fuerte, restringiendo su movilidad. Por este motivo, el movimiento de electrones está limitado y la conducción de la electricidad es muy pobre en estos materiales. La única manera de activar el movimiento de electrones sería rompiendo el enlace atómico, pero esto implicaría la destrucción de la estructura del material.

En el lado opuesto tenemos los materiales conductores, por ejemplo, un cable de cobre. La estructura del cobre está formada por átomos de este elemento colocados en el espacio formando **redes cristalográficas**. En una red cristalográfica, los átomos ocupan una posición determinada en el espacio con respecto a los adyacentes, como en la siguiente ilustración. Existen diferentes tipos de redes dependiendo de la forma en la cual los átomos se ordenan. En el caso del cobre, esta red tiene una forma de cubo centrado en las caras, es decir, los átomos se localizan tanto en los vértices de un cubo como en el centro de sus caras. En este caso, el enlace que mantiene unidos a los átomos se denomina **enlace metálico**.

Red cúbica centrada en las caras del cobre

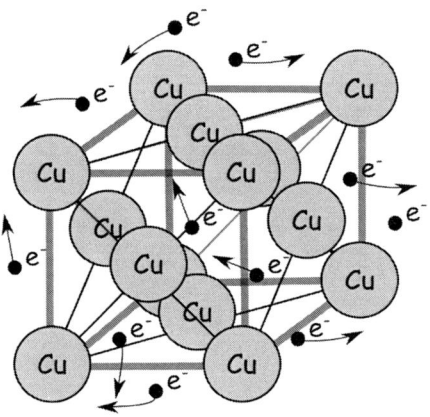

En los conductores los electrones se mueven libremente

El cobre tiene solo un electrón de valencia, pero este no se encuentra fuertemente ligado a los enlaces metálicos, como en el caso del enlace covalente, ni siquiera al núcleo de su átomo original. Cada átomo de la red aporta un electrón formando un conjunto de cargas que fluyen libremente a través de la estructura del material.

Por esta razón resulta fácil conducir la electricidad en el cobre y también en los materiales metálicos, puesto que esos electrones no están anclados y pueden moverse con libertad.

Existe un tercer tipo de materiales cuyas propiedades eléctricas están a caballo entre conductores y aislantes. Cuando vimos el caso del polietileno, este compuesto no puede conducir la electricidad porque para liberar sus electrones tendríamos que romper sus fuertes enlaces moleculares. Pero ¿podría darse la situación en la que aportásemos suficiente energía a un electrón, para que este se libere de un enlace y pueda circular, sin poner en riesgo la integridad del material? En el caso de los aislantes es muy difícil porque, como ya mencionamos, esa energía es muy elevada. No obstante, existen casos donde, usando cantidades relativamente reducidas de energía, podemos liberar electrones y conseguir conducir la electricidad. Estas condiciones se dan en los **semiconductores**, materiales esenciales en la industria electrónica y también en la fabricación de dispositivos fotovoltaicos.

Los semiconductores

Lo primero que pensamos al escuchar la palabra "semiconductor" es en materiales que conducen a medias la electricidad, más que un aislante, pero menos que un conductor. En realidad, esta no es una hipótesis desacertada, pues sus propiedades eléctricas varían dependiendo de las condiciones en que se encuentren. Para favorecer la conducción eléctrica es necesario excitar el material. Esto consiste en aportarles la energía necesaria para activar el movimiento de electrones.

Es precisamente esta capacidad para modificar su comportamiento dependiendo de la excitación externa, lo que los convierte en componentes atractivos y vitales para la industria de la electrónica. La enorme mayoría de los dispositivos electrónicos no existirían hoy día de no ser por la tecnología de semiconductores, pues son la materia prima en la fabricación de los circuitos impresos presentes en todo tipo de aparatos, desde electrodomésticos hasta teléfonos móviles y ordenadores.

Uno de los principales campos de aplicación de estos materiales es la fabricación de ordenadores y dispositivos inteligentes. Las señales eléctricas que hacen posible el funcionamiento de estos aparatos se obtienen gracias a que un semiconductor deja o no pasar corriente eléctrica (no necesariamente un semiconductor individual, pero sí dispositivos más complejos fabricados a partir de ellos). Además, presentan la ventaja de poder implementarse en circuitos diminutos integrados en chips, reduciendo notablemente su tamaño y mejorando la eficiencia energética. El desarrollo de la tecnología de semiconductores ha permitido aumentar la capacidad de procesamiento de los computadores y ampliar su memoria de almacenamiento de datos. En los años 60, aunque los ordenadores ocupaban habitaciones enteras, su capacidad era más reducida que la de los dispositivos portátiles que hoy llevamos en una pequeña mochila o en nuestros bolsillos.

La importancia de los semiconductores en el mundo actual es enorme, pero ¿cuáles son esos materiales? Existen muchos tipos, el más utilizado es el silicio, aunque también encontramos el germanio, el arseniuro de galio (GaAs) o el telururo de cadmio (CdTe) por citar los más empleados en la industria fotovoltaica. La importancia del silicio radica en que es el segundo elemento más abundante en la corteza terrestre, suponiendo un 28 % del total [6], solo superado por el oxígeno. Podemos encontrarlo en la mayor parte de las rocas, formando silicatos, en el granito, la arcilla, el feldespato, o bien en forma de óxidos, en la arena, el cuarzo, la bauxita o el ópalo. En todos los casos no se encuentra en estado puro debido a su tendencia a oxidarse, por lo que la obtención del elemento puro, el silicio con calidad de semiconductor empleado en la industria electrónica, requiere de un proceso de purificación que veremos en el Capítulo 5.

Volvamos a las propiedades eléctricas de los semiconductores, los cuales pueden funcionar como aislantes o conductores en función de las condiciones externas. Para explicar esta magia, o más que magia, la física que hay detrás, introduciremos un concepto clave para explicar el comportamiento de los semiconductores y comprender el funcionamiento de la energía solar fotovoltaica. Es el concepto de las **bandas de energía.**

Bandas de energía

En un átomo individual, los electrones se distribuyen como si vivieran en un edificio de apartamentos en distintos pisos. Cada apartamento tiene un determinado número de electrones. Para el caso de la ilustración de la página siguiente, correspondiente a un átomo de silicio, el primer piso tiene dos electrones, el segundo ocho y el tercero cuatro. Los electrones ocupan cada apartamento hasta que se llena. En el primer piso caben dos electrones, y en el segundo y el tercero caben ocho. Para el caso del silicio, el tercer piso está ocupado a la mitad, y además existe un cuarto piso que se encuentra vacío, simplemente por el hecho de que en el tercer piso aún queda espacio para más electrones.

Imaginemos que ahora tenemos dos átomos de silicio como el caso que también está representado en la siguiente ilustración. Con dos átomos ya no tendríamos solo un apartamento por piso, tendríamos dos, un A y un B correspondientes a cada átomo. De esta forma, al juntar varios átomos, incrementamos la cantidad de sitios donde pueden estar los electrones.

6. W. M., Lide, D. R. & Bruno, T. J. Abundance of Elements in the Earth's Crust and in the Sea, CRC Handbook of Chemistry and Physics. vol. 97 (Taylor & Francis group, CRC Press, Boca Raton, FL, 2016).

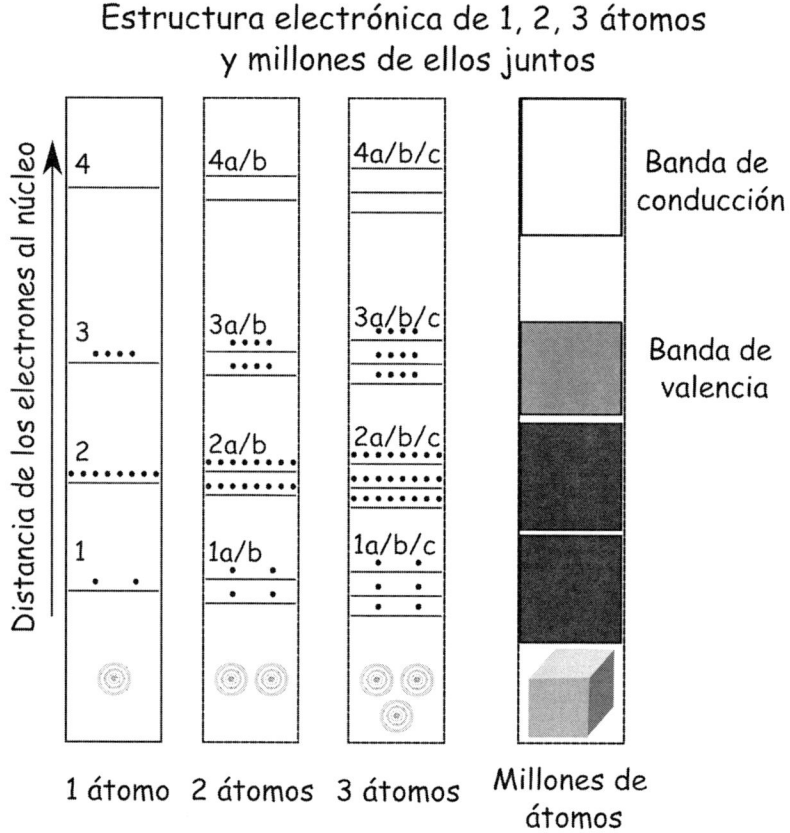

Estructura electrónica de 1, 2, 3 átomos y millones de ellos juntos

En los materiales, no tenemos un solo átomo, ni dos, ni tres, sino millones de ellos interaccionando entre sí unidos a través de enlaces. A consecuencia de estas interacciones, los electrones no se encuentran ya en apartamentos como los de los bloques de viviendas que mencionábamos, sino en espacios muchísimo más amplios. Estos espacios son resultados de la combinación de los niveles de energía de cada átomo individual y reciben el nombre de **bandas de**

energía. De estas bandas nos interesan principalmente dos: la **banda de valencia,** donde se encuentran todos los electrones del último nivel de energía de cada átomo, y la **banda de conducción**, resultado de la combinación de los niveles vacíos encima del de valencia.

La estructura de bandas de un material permite entender sus propiedades eléctricas. Para que sea conductor de la electricidad, al menos cierta cantidad de sus electrones debe poder moverse libremente. Esto traducido a la estructura de bandas significa que los electrones deben encontrarse en la banda de conducción. Esto lo podemos entender de la siguiente forma. En la banda de valencia hay muchos electrones y se estorban entre ellos, pero en la banda de conducción hay muy pocos. Por tanto, si llegan a la banda de conducción, podrán moverse con facilidad.

En la ilustración de la página siguiente hemos dibujado el **diagrama de bandas** de tres tipos de materiales. El primero es un conductor como el cobre. En este caso, la estructura del enlace metálico da lugar a que la banda de valencia y la de conducción se superpongan, permitiendo a los electrones de valencia de los átomos de cobre entrar sin oposición en la banda de conducción, fluyendo libremente y posibilitando la conducción de la electricidad. En el caso opuesto encontramos la estructura de un aislante como el polietileno. En este caso, la banda de conducción está muy lejos de la banda de valencia, resultando imposible que los electrones puedan acceder a ella al estar anclados a los enlaces, y por ello no conduce la electricidad. La separación entre ambas bandas recibe el nombre de **banda prohibida.** Entre medias de ambos casos encontramos la estructura de un semiconductor, similar a la del aislante, pero con una banda prohibida mucho más reducida.

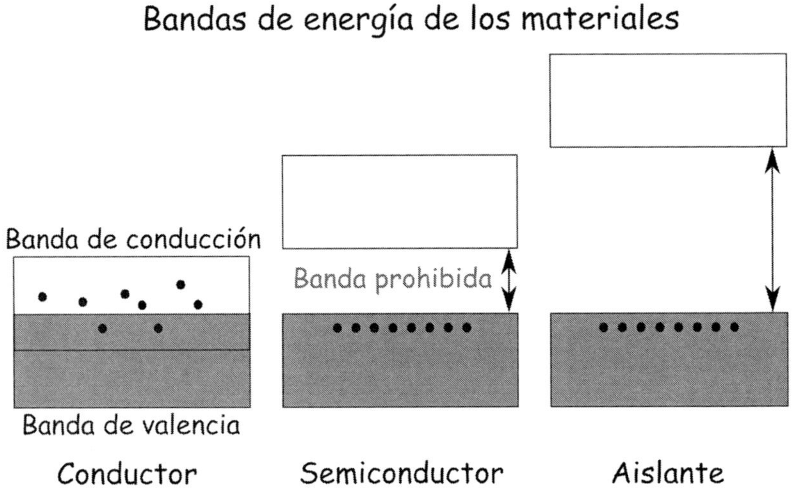

Bandas de energía de los materiales

Banda de conducción

Banda prohibida

Banda de valencia

Conductor   Semiconductor   Aislante

Los saltos de banda a banda de los electrones

En un cristal de silicio puro, cada átomo está unido a otros cuatro. Cuando veíamos la estructura de los materiales, los aislantes tienen sus electrones de valencia ligados a los enlaces impidiendo su movimiento y esto también ocurre en el silicio. Sin embargo, en este caso la fuerza del enlace no es tan intensa y esto se traduce en una estructura electrónica con una banda prohibida más pequeña. Esto provocará que algunos electrones puedan liberarse del enlace y se encuentren "libres" pululando por la red cristalina. Estos electrones libres pueden moverse porque han alcanzado la banda de conducción.

Alrededor del año 2005, la cadena de televisión Cuatro emitía un concurso japonés llamado Takeshi's Castle (conocido en España como Humor amarillo) en el que los participantes debían superar una serie de pruebas físicas y de habilidad. En una de ellas, que los comentaristas españoles Fernando Costilla y Paco Bravo llamaban "la gran muralla china", los participantes debían trepar un muro vertical de unos dos metros de altura para pasar a la siguiente prueba. Solo aquellos participantes con suficiente fuerza para saltar por encima del muro lograban progresar.

En el silicio y los demás semiconductores, al igual que los participantes del concurso, los electrones pueden intentar superar un muro o barrera que separa la banda de valencia de la de conducción. Solo aquellos electrones con suficiente energía superan la barrera, pero muchos de ellos intentan llegar, pero acaban quedándose donde estaban. El tamaño de esa barrera es la diferencia de energía entre la banda de conducción y la de valencia, es decir, la banda prohibida. Una banda prohibida pequeña sería equivalente a un muro de poca altura para los concursantes de Takeshi's Castle, por tanto, una prueba más fácil de superar.

Un aspecto importante en el salto de banda a banda de los electrones es que por cada electrón que llegue a la banda de conducción se generará un hueco correspondiente en la de valencia, por lo que podemos hablar de generación de pares electrón-hueco. A diferencia de los electrones en la banda de valencia, los huecos pueden moverse libremente por esta, pues basta que un electrón se coloque en su posición y deje su espacio correspondiente. Si en un sofá de cuatro plazas hay sentadas cuatro personas y una se levanta, queda un hueco. Las personas sobre el sofá podrán ocupar ese espacio libre, pero siempre dejando otro espacio en la posición ocupada anteriormente.

Tanto los huecos como los electrones libres reciben el nombre de **portadores de carga** e intervendrán en el comportamiento eléctrico del semiconductor. En la ilustración de la página siguiente hemos representado un esquema de la red del silicio donde cuatro electrones (puntos negros) han adquirido energía suficiente para llegar a la banda de conducción y liberarse del enlace. A su vez, cada uno ha generado un hueco (puntos blancos) correspondiente en el lugar que ocupaban.

Estructura atómica del silicio y diagrama de bandas

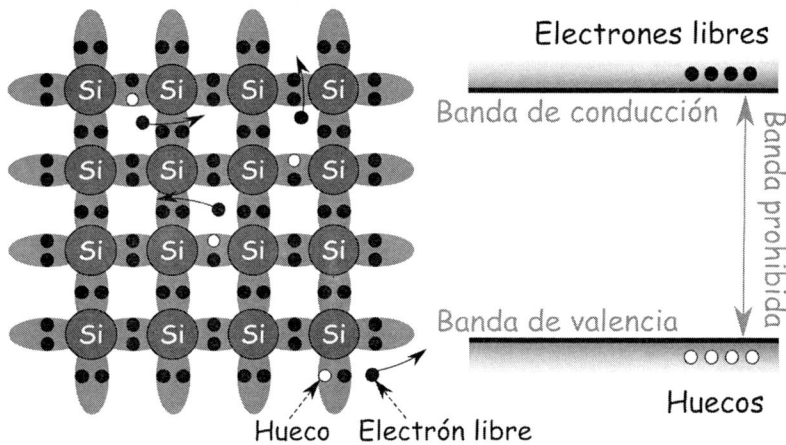

Llegados a este punto, ¿cómo explicamos que los semiconductores conduzcan la electricidad en ciertas condiciones y en otras no? Si proporcionamos la energía suficiente para que un número considerable de electrones salte de la banda de valencia a la de conducción, habrá muchas cargas eléctricas libres y podrá conducir la electricidad. Esto puede lograrse de distintas formas, como por ejemplo bajo la acción de un campo eléctrico, pero también a través de una excitación mediante ondas electromagnéticas como la radiación solar. Este fenómeno por el cual los fotones al incidir sobre un material generan electrones libres es bien conocido, se llama efecto **fotoeléctrico**, descubierto por Heinrich Hertz en 1887 y posteriormente explicado por Albert Einstein en 1905.

El efecto fotoeléctrico en semiconductores

Recordemos que la radiación solar está formada por un conjunto de fotones que se propagan por el espacio. La energía asociada a cada fotón depende de la longitud de onda de la radiación. Imaginemos una mesa de billar. Para meter una bola en un agujero, la bola blanca debe impactar con la energía suficiente para desplazar otra bola y embocarla. En los semiconductores sucede algo parecido. El fotón sería nuestra bola blanca que "choca" contra un electrón (bola que queremos embocar) de la banda de valencia, transfiriéndole su energía, y si es suficiente, este alcanzará la banda de conducción (el agujero de la mesa de billar).

La siguiente pregunta es: ¿pueden los fotones provocar esa transición electrónica? La respuesta la hallamos usando las matemáticas. El tamaño de la banda prohibida se mide en unidades de energía, pues es la cantidad mínima de energía que debe aportarse a un electrón de la banda de valencia para que suba a la de conducción. De la misma manera que medimos la distancia en metros, la energía puede medirse en calorías, julios, kilovatios hora, o en una unidad más exótica llamada electronvoltio (eV). Volviendo a nuestro ejemplo del silicio, su banda prohibida tiene un valor de 1,1 electronvoltios. Usamos esta unidad porque resulta más sencilla de aplicar a la hora de comparar la energía de los fotones y la banda prohibida. Para que pueda producirse una transición electrónica en el silicio, como la representada en la figura de la página siguiente, los fotones incidentes deben tener una energía igual o superior a 1,1 eV. En este dibujo, el fotón representado por la línea ondulada con una flechita choca con el electrón que absorbe su energía. Como consecuencia de este proceso, el fotón es absorbido y desaparece, y el electrón de la banda de valencia sube a la de conducción, generando un hueco.

Proceso de generación de electrones libres y huecos

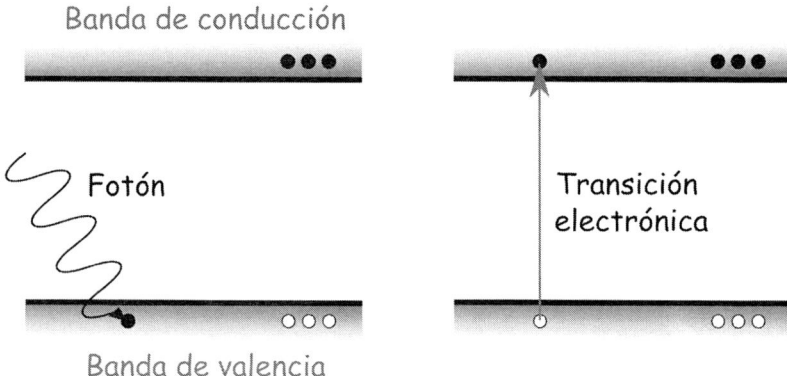

Recordemos que calculábamos la energía de los fotones de una onda mediante una ecuación simple que relacionaba dos términos constantes: la constante de Planck y la velocidad de la luz, y un término variable: la longitud de onda. Calculemos cuánta energía tienen los fotones del color verde, los más abundantes en la radiación solar. La longitud de onda del color verde es de unos 550 nm, si lo pasamos a metros y usando la notación científica, son $5{,}5 \cdot 10^{-7}$ m. La velocidad de la luz en el vacío es $3 \cdot 10^8$ m/s, y la constante de Planck $4.135 \cdot 10^{-15}$ eV·s. El resultado de introducir estos números en la ecuación es 2,26 eV, casi el doble del valor de la banda prohibida del silicio.

Podemos concluir que los fotones de la luz verde poseen energía suficiente para provocar la transición de los electrones del silicio de la banda de valencia a la de conducción, y a la vez la generación de huecos, contribuyendo así a aumentar la cantidad de portadores de carga en el material. Este efecto es clave para comprender el funcionamiento de los dispositivos fotovoltaicos basados en semiconductores que generan portadores de carga bajo condiciones de iluminación, pero les adelanto que no es el único ingrediente necesario para tener una célula fotovoltaica.

La recombinación

Cuando calentamos un cazo con agua, se incrementa la temperatura del líquido. No obstante, si lo retiramos de la fuente de calor, el agua volverá a enfriarse. Esto resulta evidente, puesto que el agua tiende a recuperar la temperatura a la que se encuentra el medio que la rodea. De manera similar, cuando se generan electrones y huecos en un semiconductor mediante la excitación causada por una onda electromagnética, nos encontramos en una situación de no equilibrio. Esto provoca que, de la misma manera que un electrón alcanza la banda de conducción gracias a la radiación incidente, este tienda a volver a caer a la banda de valencia ocupando un hueco. Este proceso recibe el nombre de **recombinación**.

El proceso de recombinación es el opuesto al de generación de pares electrón-hueco y es un fenómeno natural. Si al iluminar un semiconductor no existiese la recombinación, su número de electrones libres y huecos crecería de forma descontrolada, lo cual es físicamente imposible. Sería equivalente a cocer un huevo en la cocina y pretender que se mantenga la temperatura con el fuego apagado. Por tanto, al cesar la excitación, los semiconductores recuperarán la cantidad de huecos y electrones que tenían en su estado de equilibrio.

Tipos de semiconductores

La estructura electrónica de bandas de los semiconductores permite las transiciones electrónicas generadoras de electrones libres y huecos cuando incide sobre el material una radiación electromagnética como la luz visible. Estas transiciones no solo son resultado de la iluminación o la presencia de una excitación eléctrica, también pueden ocurrir simplemente por el hecho de tener el material a temperatura ambiente.

Los átomos no son partículas fijas. Por el mero hecho de estar a cierta temperatura, experimentan pequeños movimientos oscilatorios cuya energía asociada puede ser suficiente para que varios de los electrones presentes en la banda de valencia alcancen la banda de conducción. ¿Pero estos electrones y huecos no se recombinan?, pues sí lo hacen. Los procesos de generación y recombinación siempre están activos, llegando un momento en el que se produce un equilibrio alcanzando una cierta cantidad de electrones libres y huecos estable.

En esta situación, la cantidad de electrones en la banda de conducción es igual a la cantidad de huecos en la banda de valencia, lo que vienen a ser las gallinas que entran por las que salen. Este es el caso del **semiconductor intrínseco**. No obstante, existe la posibilidad de no tener la misma cantidad de electrones libres que huecos.

Imaginemos que en la red del cristal del silicio sustituimos uno de sus átomos por uno de boro. El boro tiene solo tres electrones de valencia, de forma que uno de los cuatro átomos de silicio que le rodean se queda sin electrón. Por lo tanto, estamos introduciendo defecto de electrones, o lo que es equivalente, huecos en la estructura. El resultado será una cantidad de huecos más alta que en el semiconductor intrínseco, por lo que este semiconductor se convierte en un semiconductor **dopado positivamente o tipo P.**

En sentido contrario, si en vez de introducir átomos en la red con defecto de electrones los introducimos con exceso, como el fósforo que tiene cinco electrones de valencia, nos sobrarán electrones con carga negativa, obteniendo un semiconductor **dopado negativamente o tipo N.** A través del dopado se modifica la cantidad de portadores de carga de los semiconductores.

El concepto de dopaje, o introducción de elementos distintos en un material para alterar su cantidad de electrones libres o huecos, es esencial en la tecnología de semiconductores y también en las células solares. Los semiconductores tipo N y tipo P pueden combinarse para crear uniones PN que constituyen el componente básico de las células fotovoltaicas. En la ilustración de la página siguiente aparece representada la red de átomos de un semiconductor intrínseco y dos dopados (tipo P y N) junto con sus respectivos diagramas de bandas. Ojo, porque el hecho de que un semiconductor esté dopado, por ejemplo, tipo P, no implica que solo tenga huecos y no posea electrones libres. Seguirá teniendo electrones libres, pero en una proporción mucho menor.

¿Cómo conseguimos dopar los semiconductores? Pues a través de un proceso de difusión. Cuando tenemos dos líquidos y los mezclamos, forman una mezcla homogénea, a no ser que sean inmiscibles como el agua y el aceite. Los sólidos, sin embargo, no se mezclan entre sí con facilidad, pero cuando aplicamos altas temperaturas, podemos lograr una cierta mezcla entre sus átomos, principalmente en la zona de contacto entre ambos materiales. Esto se produce porque el calor favorece el desplazamiento de los átomos entre las redes de los sólidos. Al exponer a alta temperatura la superficie del silicio junto a un compuesto dopante, unos cuantos átomos de dicho compuesto entrarán dentro de la red cristalográfica del silicio.

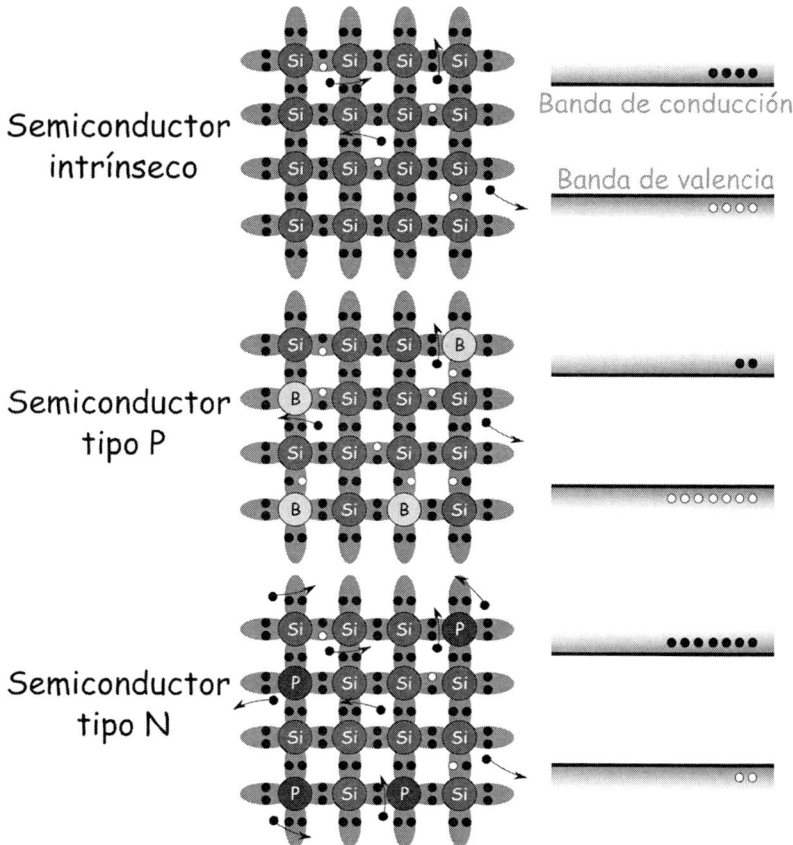

Semiconductor
intrínseco

Banda de conducción

Banda de valencia

Semiconductor
tipo P

Semiconductor
tipo N

Resumen

Hemos aprendido acerca de la estructura de la materia y, como tanto el tipo de átomos como la manera en la cual estos se enlazan, determinan las propiedades físicas de los materiales, y en especial sus propiedades eléctricas. Estas pueden ser explicadas por la estructura de bandas de los materiales, resultado de la interacción entre los millones de átomos que los componen. En concreto, abordamos con un mayor detalle los materiales semiconductores, cuya estructura de bandas, separadas por la banda prohibida, permite transiciones electrónicas que generan electrones libres y huecos. De esta forma, los semiconductores modifican su comportamiento eléctrico cuando se ven afectados por una excitación externa, por ejemplo, cuando están expuestos a una fuente de luz y absorben los fotones que esta emite. Esto será posible siempre que los fotones tengan una energía superior al valor de la banda prohibida del semiconductor.

Hemos visto cómo modificar las características eléctricas de los semiconductores a través de la introducción de átomos dopantes en su estructura. De esta forma, obtenemos semiconductores con exceso o defecto de electrones libres que reciben el nombre de semiconductores dopados. Sabiendo cómo se comporta eléctricamente un semiconductor y cómo las ondas electromagnéticas de la radiación solar afectan a sus propiedades, ha llegado el momento de tratar de sacar partido al comportamiento de estos materiales para generar potencia eléctrica. En el siguiente capítulo veremos que, usando semiconductores dopados, construiremos un dispositivo electrónico denominado **unión PN**, la unidad básica necesaria para crear una célula solar.

Capítulo 3

El funcionamiento de la unión PN, la base de la célula solar

Los semiconductores son capaces de absorber los fotones que componen la radiación solar y, como consecuencia de este proceso, generan cargas eléctricas libres, electrones y huecos (los electrones son cargas negativas y los huecos cargas positivas). Para que esto ocurra, es necesario que la energía de los fotones incidentes sea mayor que la banda prohibida del semiconductor. Es lógico pensar lo siguiente: la luz genera portadores de carga en un semiconductor, por lo que, si logramos extraerlos, obtendremos una corriente eléctrica. Sin embargo, en la práctica no basta con coger un pedazo de silicio, conectarle dos cables y enchufar la lavadora. Los dispositivos fotovoltaicos son bastante más complejos que un simple trozo de semiconductor. Para obtener energía eléctrica precisamos una estructura que combine diferentes materiales para extraer esa corriente generada por la interacción de la luz con el material.

Para lograr este cometido, nos valdremos del uso de los semiconductores dopados. A través del dopaje alterábamos la estructura electrónica de los semiconductores, modificando su cantidad de huecos y electrones libres. Cuando combinamos dos semiconductores con distinto dopaje, obtenemos estructuras con unas características particulares que permiten extraer las cargas eléctricas generadas. En este capítulo desentrañaremos el funcionamiento de esa estructura, la **unión PN** de semiconductores, componente esencial de una célula solar. También analizaremos el proceso de generación de potencia eléctrica en estos dispositivos y el efecto **fotovoltaico**, el responsable del proceso de generación de energía en las células solares.

Conceptos de electricidad

Antes de empezar a explicar la unión PN y sus características eléctricas, es necesario conocer conceptos relacionados con la electricidad y los circuitos eléctricos. La electricidad es resultado del movimiento de cargas y es algo que empleamos diariamente, por lo que conviene saber qué es un voltaje o cómo se mide la cantidad de corriente que circula por un cable. Esto no es solo aplicable para explicar las células fotovoltaicas, sino que también sirve para tener una base de conocimientos sobre electricidad.

En electricidad, un parámetro de gran relevancia es la **tensión, voltaje o potencial** (tres nombres posibles para un mismo concepto), que es la fuerza que impulsa el movimiento de las cargas eléctricas y se mide en voltios (V). Hablamos siempre de diferencia de potencial, porque nos referimos a los dos puntos entre los cuales se moverán las cargas. Por ejemplo, en los enchufes de la mayoría de los países europeos el voltaje es de 230 V, es decir, la diferencia de potencial entre la fase y el neutro, o los dos agujeritos del enchufe.

Por otro lado, tenemos la **corriente o intensidad**, que es la cantidad de cargas que circulan entre dos puntos, entre los cuales existe una diferencia de potencial. La corriente se mide en amperios (A). A lo largo del libro hablaremos muchas veces de densidad de corriente en vez de corriente como tal. La diferencia entre ambos conceptos es sencilla, pues la densidad de corriente se expresa en amperios por unidades de área. Por ejemplo, si una célula fotovoltaica generase una densidad de corriente de 1 A/cm^2 y tiene un área de 4 cm^2, estaría proporcionado 1 x 4 = 4 A de corriente.

Cuando establecemos una diferencia de potencial entre los extremos de un cable, aparece una corriente eléctrica de mayor o menor intensidad en función de la resistencia ofrecida por el material al paso de las cargas. Esta relación entre voltaje e intensidad es explicada por la **Ley de Ohm**, cuya expresión matemática es la siguiente:

$$Voltaje = Intensidad \cdot Resistencia$$

Cuanto más resistivo es un elemento, menos corriente circulará por él. El riesgo eléctrico reside en el hecho de que cuando una persona toca accidentalmente un punto de tensión, una corriente de cierto amperaje circulará desde ese punto de tensión al suelo a través de su cuerpo. Esta es una de las razones por las cuales los electricistas usan calzado de goma, para que, en caso de eventual contacto con un punto de tensión, aumenten su resistencia al paso de la corriente y disminuya la cantidad de corriente de la descarga que hayan sufrido.

Relacionada con la tensión y la corriente, encontramos la **potencia eléctrica.** En capítulos anteriores introdujimos la potencia como la cantidad de trabajo que un instrumento realiza por unidad de tiempo. En lo referente a los dispositivos electrónicos, calculamos la potencia desarrollada o consumida por ellos multiplicando el voltaje por la corriente proporcionada o empleada en su funcionamiento. Esta idea es muy importante, puesto que cuando queremos tener un dispositivo generador de energía eléctrica, este debe proporcionar al mismo tiempo una corriente y un voltaje de trabajo.

Los dispositivos electrónicos pueden **polarizarse**. Esta palabra la conocerán bien, pero probablemente en otros contextos. Cuando se habla de polarización política, entendemos que los políticos tienden a posicionarse en posturas muy opuestas. En electrónica la idea es similar. Al polarizar un dispositivo, modificamos su estado respecto a las condiciones de equilibrio y provocamos que desarrolle un comportamiento en un sentido u otro a través de la aplicación de un voltaje externo.

Finalmente, cualquier elemento dentro de un circuito eléctrico, exhibe un comportamiento tal que, si medimos la corriente que fluye por él en función del voltaje al cual está polarizado, podemos obtener una representación gráfica de su conducta. Este tipo de gráfico que relaciona corriente y voltaje recibe el nombre de **curva I-V o curva intensidad-voltaje.** A lo largo del capítulo y del resto del libro emplearemos estas gráficas para explicar el comportamiento de los dispositivos fotovoltaicos.

La unión PN

Los semiconductores dopados eran aquellos en los que se había introducido en su red cristalográfica átomos de otros elementos que, o bien aportan más electrones (semiconductores tipo N, de negativo, puesto que los electrones tienen carga negativa), o bien tienen defecto de estos generando huecos (tipo P, de positivo, porque la ausencia del electrón es equivalente a una carga positiva). Debemos recordar que, aunque un semiconductor esté dopado, por ejemplo, tipo N, no implica que solo tenga electrones libres. El material seguirá manteniendo una cierta cantidad de huecos, pero mucho más reducida, tal y como representamos en la ilustración de la página 50. Distinguimos entre **cargas mayoritarias**, en el caso del semiconductor tipo N son los electrones libres (en el P los huecos), y las **cargas minoritarias,** en el tipo N los huecos (en el P los electrones libres).

Para explicar la unión PN emplearemos las ilustraciones de las dos siguientes páginas. Partimos de la situación en la que tenemos un silicio dopado P y otro dopado N separados. Al ponerlos en contacto, estamos uniendo dos materiales con cargas mayoritarias de distinto signo. El semiconductor P tiene muchos huecos (puntos blancos) y el N muchos electrones libres (puntos negros). Como las cargas de distinto signo se atraen, los huecos del P y los electrones libres de N tratarán de encontrarse y recombinarse. De este modo, electrones y huecos se mueven hacia el centro de la unión PN donde tiene lugar la recombinación. En la figura de esta página hemos marcado con una flecha la dirección del movimiento de los huecos y electrones libres hacia el centro de la unión. Si no hubiera ningún impedimento a este flujo de cargas, todos los huecos del P y los electrones libres del N acabarían recombinándose y desaparecerían, pero esta situación no será posible debido a la aparición de una barrera que impide el movimiento de cargas en la zona de contacto, donde se formará la llamada **zona de deplexión**.

Equilibrio eléctrico en la unión PN

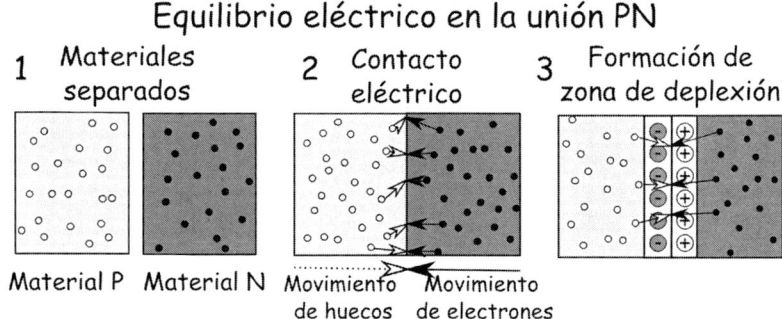

1 Materiales separados   **2** Contacto eléctrico   **3** Formación de zona de deplexión

Material P   Material N   Movimiento de huecos   Movimiento de electrones

Imaginen un colegio al que los padres acuden a recoger a sus hijos. Los padres van de la calle a la entrada del cole, mientras los hijos salen de las clases hacia la entrada. Cada padre o madre recoge a su hijo o hija, pero ahora imaginen que, en vez de volver a casa, se quedan en la entrada. Esto dificultará que el resto de padres puedan recoger a sus hijos, y cuanta más gente se quede parada en la entrada, más difícil será. Una situación similar ocurre en nuestra unión PN, esa zona donde se han quedado los padres con sus hijos sería equivalente a la zona de deplexión.

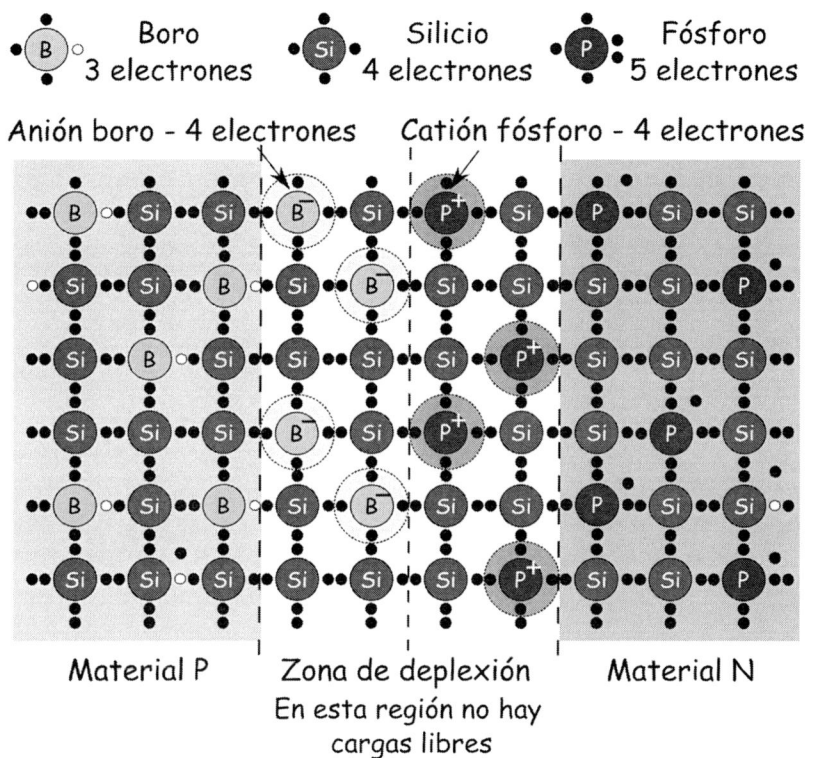

Boro
3 electrones

Silicio
4 electrones

Fósforo
5 electrones

Anión boro - 4 electrones   Catión fósforo - 4 electrones

Material P   Zona de deplexión   Material N

En esta región no hay
cargas libres

La zona de deplexión es una región de unos pocos nanómetros de espesor en la unión PN donde no hay cargas libres, tal y como hemos representado en la ilustración de esta página. A medida que el material P pierde sus huecos y el N sus electrones libres, aparecerá en el medio de la unión esta zona vaciada de cargas. En esta región, los átomos dopantes de los semiconductores juegan un papel relevante. Recordemos que los átomos son eléctricamente neutros cuando están en equilibrio eléctrico, es decir, tienen el mismo número de electrones que protones. En esta situación de neutralidad de cargas, los átomos de boro tienen tres electrones de valencia y los de fósforo cinco. Debido al movimiento de huecos y electrones, los átomos de boro en la zona de deplexión tienen cuatro electrones de valencia porque no hay huecos disponibles, alterándose el equilibrio eléctrico del boro y formando **aniones** o átomos con carga negativa. Estos electrones ganados por el boro vienen de los electrones proporcionados por el fósforo del material N, que al perder uno de sus electrones y quedarse también con cuatro electrones de valencia, formarán **cationes** o átomos con carga positiva.

La presencia de estos **iones** es la responsable de la formación de una barrera que bloquea el flujo de cargas iniciado al poner en contacto ambos semiconductores. Pensad que cuando un electrón del material N quiera moverse al material P, se encontrará los aniones de boro que evitan su paso, y del mismo modo les ocurrirá a los huecos del P, que encontrarán los cationes de fósforo bloqueando su flujo. Finalmente, se llega a una situación de equilibrio en la cual la barrera de la zona de deplexión es tan grande que el flujo neto de electrones y huecos de un semiconductor a otro es nulo. Esta es la situación de equilibrio representada en la ilustración de la página anterior. Podemos observar que el vaciamiento de cargas solo afecta a la zona de deplexión mientras que fuera de ella, cada semiconductor mantiene prácticamente la misma cantidad de cargas mayoritarias presentes antes de efectuarse el contacto entre ambos materiales.

Comportamiento eléctrico de la unión PN.

Para comprender el funcionamiento de la unión PN como dispositivo electrónico no basta con analizarla en las condiciones de equilibrio expuestas en la sección anterior. Debemos aprender qué le sucede cuando está conectada en un circuito eléctrico aplicando una tensión entre los dos lados del dispositivo. Esta tensión o voltaje afectará a las cargas eléctricas de los semiconductores y dependiendo de si aplicamos mucho o poco voltaje, se modificará la cantidad de cargas eléctricas que se mueven a través de la estructura.

Tenemos nuestra unión PN conectada a un circuito eléctrico y le aplicamos una tensión con una fuente de voltaje externa. Podemos entender esta fuente externa como una pila a la que podemos regularle su voltaje. Si conectamos el polo positivo al material P y el negativo al material N, los electrones libres que tienen carga negativa tenderán a ir hacia el polo positivo, y los huecos con carga positiva al negativo, impulsándoles a cruzar la unión PN. Sin embargo, este movimiento se ve obstaculizado por la presencia de la barrera de iones en la zona de deplexión.

En este caso, el voltaje externo actúa como una fuerza que ayuda a las cargas a superar la barrera, pero si no aplicamos suficiente voltaje, solo unas pocas podrán cruzar de un lado a otro. Si aumentamos el voltaje, llegará un momento en el que la fuerza sea suficientemente grande para que las cargas crucen con total libertad, aumentando la corriente que circula por el circuito eléctrico. Esta condición se llama **polarización directa.** El flujo de cargas está representado en la ilustración de la página siguiente. En ella observamos que los electrones salen por el material P, recorren los cables del circuito, y vuelven a llegar al material N.

Polarización directa

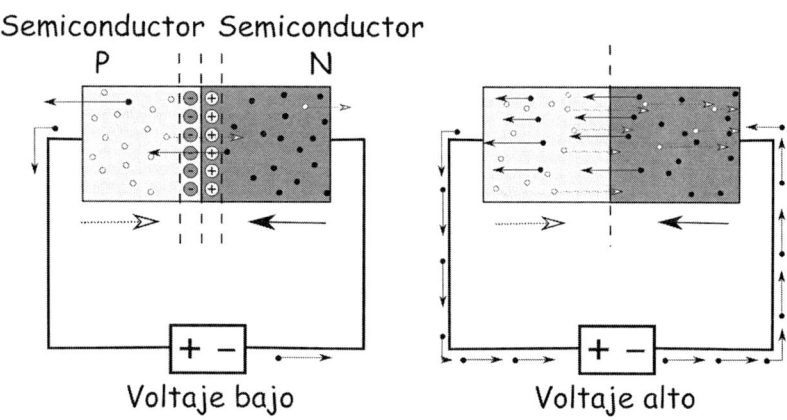

Voltaje bajo   **Voltaje alto**

Cojamos ahora la unión y cambiemos la conexión, uniendo el material P al polo negativo y el N al positivo. En este caso, el voltaje externo aplicado ejerce su fuerza en la misma dirección que la barrera de la zona de deplexión. Los huecos del P se ven atraídos por el polo negativo y los electrones del N por el positivo. Al desplazarse las cargas a los extremos de los semiconductores, la zona vaciada aumenta su tamaño. No obstante, debemos recordar que, tanto en el material P como en el N existen cargas minoritarias, y estas verán favorecido su flujo al aplicar voltaje en este sentido (los pocos electrones libres en el material P se ven empujados hacia el N) por lo que existe una pequeña corriente asociada a esas cargas minoritarias, de sentido contrario al caso de polarización directa y que incrementa con el voltaje aplicado. Esta es la condición de **polarización inversa**. En la ilustración de la página siguiente representamos su efecto en la unión PN.

Polarización inversa

Semiconductor Semiconductor
P   N

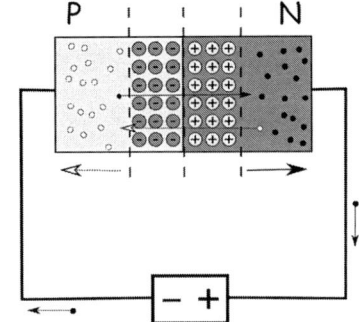

Interpretación de la curva *I-V* de una unión PN

El comportamiento eléctrico de la unión PN se representa dibujando el gráfico de curva *I-V* en el que reflejamos la cantidad y el sentido del flujo de corriente en el dispositivo en función del voltaje externo. Los gráficos son dibujos que representan el valor de una variable en función de otra. Vemos gráficos prácticamente a diario. Un ejemplo es la evolución de la temperatura a lo largo de la semana, donde unen cada punto con una línea. En las curvas *I-V* la idea es la misma, solo que, en vez de representar la temperatura en función del día de la semana, pintaremos la cantidad de corriente que fluye por la unión PN en función del voltaje externo aplicado.

El problema de este tipo de gráficos de curva *I-V* es que la corriente puede ir en dos direcciones posibles, y del mismo modo podemos conectar la fuente externa en modo de polarización directa o inversa. Esto nos obliga a definir un sentido en el que la corriente o el voltaje sean positivos, y negativos en el contrario. Simplemente, es una cuestión de tomar puntos de referencia. Por poner un ejemplo, para viajar a Madrid alguien de Bilbao tendrá que moverse hacia el sur, pero alguien que vive en Málaga viajará hacia el norte. Cuando representamos una gráfica con dos ejes, necesitamos definir cuál es nuestra referencia para establecer el signo de propagación de la corriente y de aplicación del voltaje. En lo respectivo a este libro, tomaremos las siguientes referencias:

- Cuando hablemos de polarización directa, diremos que el voltaje es positivo, y en polarización inversa, negativo.
- Respecto a la corriente, diremos es positiva cuando los electrones libres se mueven cruzando la unión en dirección de N a P, y negativa cuando lo hagan en sentido inverso.

Una vez hemos definido nuestras referencias, dibujaremos la curva *I-V* de la unión PN. Para obtener esta curva, medimos la cantidad de corriente que atraviesa el dispositivo para distintos valores de voltaje aplicado que representaremos en el gráfico de la página siguiente. El gráfico tiene un eje horizontal para los valores de voltaje y otro vertical para los de corriente. En el punto de corte de los ejes, el valor de ambos parámetros es igual a cero. Por tanto, cualquier punto por encima del eje horizontal tendrá un valor de corriente positivo, y por debajo será negativo. De forma análoga, cualquier punto a la derecha del eje vertical tendrá un valor de voltaje positivo o polarización directa, y a la izquierda negativo o polarización inversa.

Comencemos a dibujar nuestro gráfico. Supongamos una unión PN cualquiera cuya barrera de la zona de deplexión sea superable al aplicar 0,6 V. Tomaremos 6 puntos de medida para pintar nuestra curva *I-V*. Empezaremos aplicando una polarización inversa, es decir, polo positivo con el N y negativo con el P, por lo que estaremos aplicando un voltaje negativo de acuerdo con nuestras referencias:

Curva intensidad-voltaje de la unión PN

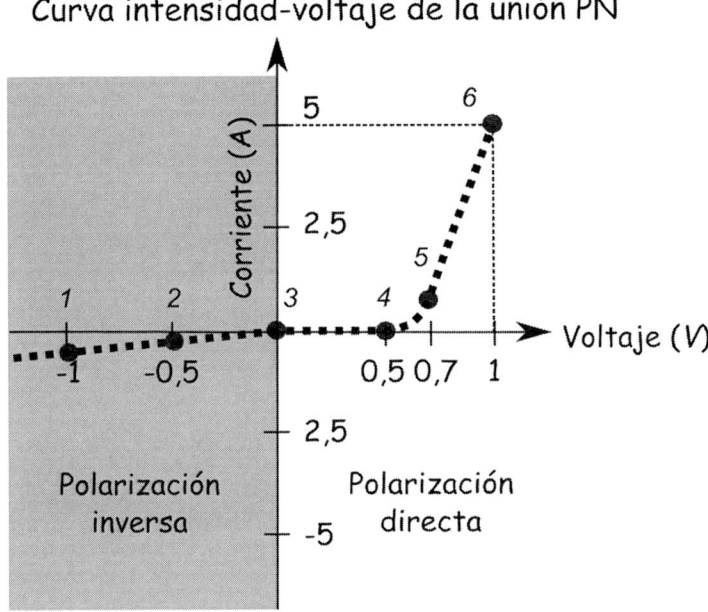

Punto 1: Aplicamos -1 V, estamos en condiciones de polarización inversa. En este caso, la corriente se debe a las cargas minoritarias que mueven unos poquitos electrones de P a N. Por tanto, medimos una corriente negativa muy pequeña.

Punto 2: Aplicamos -0,5 V. Seguimos en condiciones de polarización inversa y la corriente tiene el mismo sentido que en el punto 1. No obstante, en este caso es algo más pequeña, quedando el punto 2 más cerca del eje horizontal, pero sigue siendo negativa.

Punto 3: El voltaje aplicado es 0 V, por lo que estamos en condiciones de equilibrio y no hay flujo de cargas, es decir, la corriente es 0 A.

Punto 4: El voltaje es +0,5 V, pasamos al caso de polarización directa y la corriente se debe a las cargas mayoritarias. Sin embargo, la barrera de la zona de deplexión es más grande que esos 0,5 voltios, por lo que la cantidad de cargas que se mueven es muy pequeña, y la corriente medida es casi 0, pero de signo positivo al moverse los electrones de N a P.

Punto 5: El voltaje es +0,7 V, en este caso ya superamos el voltaje de la barrera y el número de cargas que cruza la unión empieza a crecer mucho. Esto provoca que empecemos a medir una corriente apreciable de signo positivo.

Punto 6: El voltaje es +1 V, en este caso las cargas cruzan con facilidad la unión PN al superar holgadamente la barrera y medimos una corriente que crece linealmente. En este punto, medimos una corriente de 5 A.

Uniendo todos los puntos medidos, obtenemos la línea de puntos representada en la ilustración de la página anterior, que es precisamente la curva *I-V* de la unión PN. El comportamiento eléctrico de la unión PN puede expresarse con una ecuación matemática que relaciona voltaje e intensidad y recibe el nombre en la literatura de **ecuación de Shockley** [7]. El caso estudiado es un ejemplo de una hipotética unión PN. La forma de esta curva dependerá de las características de los semiconductores que forman la unión, los contactos eléctricos y también las condiciones externas en las que se encuentre el dispositivo.

7.   The theory of p-n junctions in semiconductors and p-n junction transistors. https://ieeexplore.ieee.org/document/6773080.

El efecto fotovoltaico

Cuando la luz incide sobre un semiconductor, los electrones de la banda de valencia alcanzan la de conducción, generando a su vez un hueco en el lugar que ocupaba antes el electrón. Se tiende a decir erróneamente que este es el principio físico que explica el funcionamiento de la célula solar, pero realmente es un solo un ingrediente necesario para el funcionamiento del conjunto. Recordemos que, para extraer potencia eléctrica, debemos proporcionar una tensión y una corriente de trabajo. Por lo cual, precisamos de algo más que esa generación de portadores de carga, necesitamos la existencia de un voltaje.

Cuando una unión PN está iluminada, los fotones de la luz incidente son absorbidos por los semiconductores, generando pares de electrones libres y huecos a lo largo de toda su estructura. Este fenómeno causa la acumulación de portadores de carga a ambos lados de la unión, provocando una desviación de las condiciones de equilibrio correspondientes al dispositivo sin iluminar. Los electrones libres generados tienden a acumularse en el material N y los huecos en el P. Esta acumulación de cargas genera una diferencia de voltaje entre ambos lados de la unión PN que recibe el nombre de **fotovoltaje**.

En la imagen izquierda de la ilustración de la página siguiente es apreciable cómo las cargas mayoritarias se apelotonan en los extremos del dispositivo. Al conectar la unión en un circuito eléctrico, permitimos que los electrones acumulados en el material N viajen a través de los cables y lleguen al P donde se recombinarán con los huecos. El resultado de este movimiento de electrones al cerrar el circuito es lo que llamamos **fotocorriente**. Fíjense que esta fotocorriente fluye en dirección de N a P, por lo que de acuerdo con nuestras referencias será una corriente de signo negativo.

Unión PN iluminada

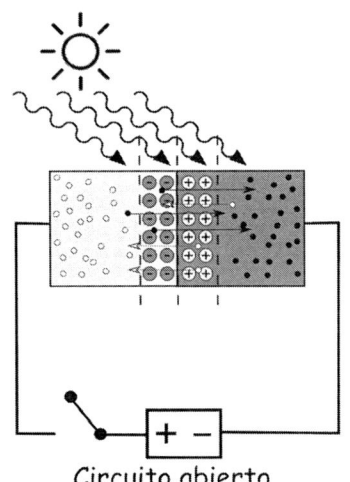

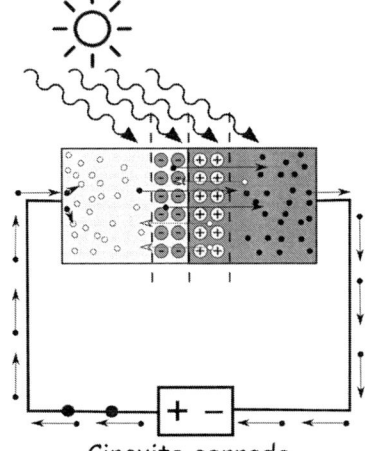

Circuito abierto.
Las cargas se acumulan
a ambos lados de la unión PN
generando una diferencia
de potencial entre
ambos lados de la unión.

Circuito cerrado.
Los electrones pasan al
circuito generando una
corriente. Al llegar al lado P,
se recombinan con un hueco.

Quizá se pregunten por qué este efecto no puede conseguirse con un semiconductor individual. La respuesta reside en que el tener un material P y otro N permite separar con mayor facilidad los huecos y los electrones generados al iluminar el dispositivo. En un semiconductor individual podemos producir electrones libres y huecos, pero si no los separamos es fácil que desaparezcan a causa de la recombinación. Sería como tener una caja de cromos adhesivos y, en vez de sacarlos, pegar el cromo en el álbum y tirar el papel donde estaba adherido, dejar el cromo y el papel en la caja, donde volverán a pegarse.

Curva corriente-voltaje de la célula solar

Llegados a este punto veremos qué sucede cuando combinamos la polarización de la unión PN y las condiciones de iluminación. Para este análisis volvemos a estudiar la curva *I-V* del dispositivo. Cuando tenemos ambos efectos, debemos sumar las contribuciones de cada uno de ellos. De acuerdo con el convenio de signos adoptado, la fotocorriente es de signo negativo, mientras que, la corriente inducida al polarizar en directa la unión es de signo positivo.

Observen la curva de la izquierda en la ilustración de la página siguiente. Cuando una célula solar no está iluminada y se conecta a un circuito eléctrico, la relación entre la corriente y la tensión externa corresponde a la curva de puntos representada, que es muy parecida a la que veíamos cuando hablábamos de la unión PN polarizada en la página 63, porque a fin de cuentas la célula solar es una unión PN. En células fotovoltaicas, esta curva recibe el nombre de **curva de oscuridad**.

Cuando iluminamos la célula, la curva de intensidad-tensión se convierte en la curva de la línea sólida o **curva de iluminación**. En este caso, observamos que se ha desplazado hacia abajo porque aparece la fotocorriente en sentido inverso a la de la polarización directa. De hecho, si a cada punto de la curva de puntos le restamos el valor de la fotocorriente generada, obtendremos aproximadamente la curva de iluminación.

Curva *I-V* y curva de potencia de la unión PN

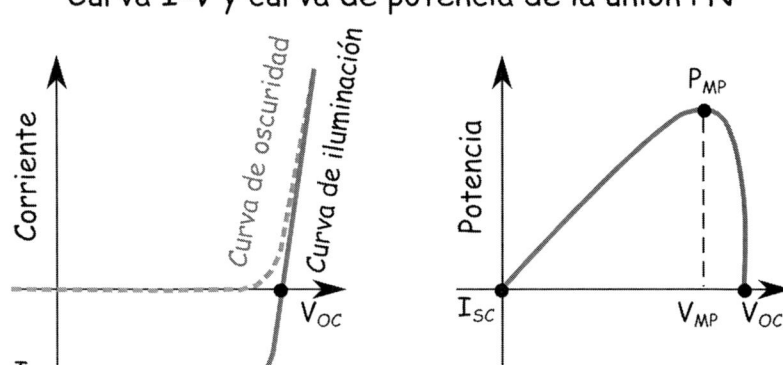

En la curva de iluminación podemos identificar dos puntos correspondientes a parámetros claves de la célula solar. La **corriente de cortocircuito** I_{SC} (del inglés SC, *short-circuit*) es la corriente suministrada cuando el voltaje es 0 V. En este punto, la corriente medida solo se debe a la fotocorriente asociada a los fotones absorbidos, ya que el dispositivo no está polarizado. Sería el caso equivalente al dibujo de la derecha en la página 66.

A medida que polarizamos la unión iluminada, la corriente inducida al polarizar, que es de signo opuesto a la fotocorriente, crece hasta igualarla. Esto se consigue cuando aplicamos un voltaje igual al **voltaje de circuito abierto** V_{OC} (del inglés OC, *open-circuit*). ¡Ojo! Esto no significa que haya desaparecido la fotocorriente, solo que al polarizar generamos una corriente en sentido opuesto que la contrarresta, de modo que, el flujo de corriente neto a través de la unión PN es nulo.

El valor de la corriente de cortocircuito y el voltaje de circuito abierto depende de las condiciones de iluminación de la célula o, en otras palabras, de la cantidad de energía en forma de radiación electromagnética que incide sobre su superficie. Cuanto mayor es esa energía, mayores son los valores de ambos parámetros. Debemos mencionar que, mientras la fotocorriente tiene una dependencia aproximadamente lineal con la energía incidente, al menos cuando la irradiancia no es muy alta, el voltaje de circuito abierto crece cada vez menos según aumenta la irradiancia, tendiendo a un valor límite dependiente del tipo de dispositivo fotovoltaico.

En la curva de la derecha de la ilustración de la página anterior hemos representado la relación entre la potencia y el voltaje proporcionados por la célula. Esta se obtiene a partir de la curva izquierda, puesto que la potencia es igual al producto de la corriente por la tensión. Existe una tensión V_{MP}, M de máxima y P de potencia, para el cual la potencia suministrada es máxima (P_{MP}). Este se encuentra ligeramente por debajo del voltaje de circuito abierto.

La célula no suministrará potencia cuando se encuentra al voltaje de circuito abierto, porque en ese caso no proporciona corriente. Del mismo modo, no puede trabajar en el punto de corriente de cortocircuito, porque en dichas condiciones no proporciona voltaje. Tampoco podremos trabajar para valores superiores al voltaje de circuito abierto, puesto que en dichas condiciones la corriente generada por la iluminación es superada por la de polarización. Esta situación sería equivalente a necesitar más energía para hacer funcionar la célula que la que extraemos de ella, algo que no tendría sentido.

En células fotovoltaicas se define un parámetro importante relativo al rendimiento que recibe el nombre de **factor de forma**. Se trata de la relación en tanto por ciento entre la máxima potencia de la célula y el producto de su corriente de cortocircuito y voltaje de circuito abierto. Cuanto más cerca esté del 100 %, más eficiente será el dispositivo. Su valor puede verse reducido por una excesiva resistencia al paso de la corriente de los materiales que forman la célula. En las células solares comerciales, los valores del factor de forma oscilan en torno al 70-80 %.

$$Factor\ de\ forma = \frac{P_{MP}}{V_{OC} \cdot I_{SC}}$$

Podemos concluir que para que una célula solar proporcione una potencia eléctrica óptima, primero debe encontrarse en condiciones de iluminación para generar un fotovoltaje y una fotocorriente, y segundo, las condiciones de trabajo marcadas por la polarización de la célula deben garantizar que se encuentre el punto donde el producto de la corriente suministrada y el voltaje sea máximo. El punto de máxima potencia, el factor de forma, así como la V_{OC} o la I_{SC} son parámetros característicos de cada célula solar, y dependen tanto de su estructura como de los semiconductores que la forman. Las células solares más eficientes deben maximizar el valor de estos parámetros.

Resumen

Hemos aprendido que podemos combinar semiconductores con distintos tipos de dopaje para crear uniones PN. El comportamiento eléctrico de este dispositivo se caracteriza por permitir el paso de corriente eléctrica en un sentido, siempre y cuando se le suministre una tensión externa lo suficientemente elevada para superar la barrera formada en la zona de contacto entre ambos semiconductores. Esta barrera es resultado del equilibrio alcanzado por las cargas eléctricas y se traduce en la formación de la zona de deplexión vaciada de cargas libres.

Las células solares que conforman los paneles fotovoltaicos son uniones PN. Cuando estas uniones se iluminan, los fotones de la luz son absorbidos y generan portadores de carga que se acumulan a ambos lados del dispositivo (huecos en el semiconductor P, y electrones en el N). Esto genera una diferencia de potencial llamada fotovoltaje, y que al conectar el dispositivo en un circuito se posibilita que electrones salgan de la unión y fluyan a través del circuito generando una fotocorriente.

La fotocorriente generada en la célula tiene dirección opuesta a la corriente inducida por la polarización directa. Para extraer una potencia eléctrica de la célula fotovoltaica, debemos polarizarla hasta un valor donde el producto de la corriente proporcionada y la tensión de la célula sea máximo. Esto se logra trabajando con la célula a un voltaje algo inferior al voltaje de circuito abierto que marca el máximo voltaje para el cual la célula puede proporcionar potencia útil. La cantidad de potencia extraíble dependerá también de la cantidad de radiación incidente sobre el dispositivo.

Con este capítulo y los dos anteriores hemos explicado el principio por el cual una célula fotovoltaica transforma la radiación solar en cargas eléctricas. La estructura de la unión PN permite extraer esas cargas, y estableciendo unas condiciones de operación adecuadas, obtendremos una potencia de salida. La célula solar es la unidad básica de generación de potencia de los módulos fotovoltaicos, pero no nos vale con solo una de ellas para producir suficiente energía. Más adelante veremos cómo combinado muchas de ellas se construyen dispositivos que permiten proporcionar valores de potencia superiores a los de los componentes individuales.

Capítulo 4

La eficiencia de la energía solar fotovoltaica

Recuerdo un día, no hace mucho, en el que leí una noticia en un medio de comunicación regional. El artículo hablaba sobre un inventor de una especie de generador de energía que alimentaba a una tira de luces led que funcionaba supuestamente de forma ininterrumpida sin necesidad de suministrarle una fuerza o alimentación externa. El inventor sostenía que este aparato podría ser la solución a los problemas de suministro y proporcionar energía barata, limpia y asequible. No obstante, en este mundo no es bueno fiarse de todo lo que publican los medios, por lo que conviene cuestionarse si la información que nos llega es del todo veraz.

En realidad, este señor no había inventado un generador autónomo, ni ninguna máquina de movimiento perpetuo. Se trataba simplemente de un sistema que, empleando una ligera excitación causada por unos condensadores (unos dispositivos capaces de almacenar energía eléctrica generando un campo eléctrico entre dos placas metálicas), provocaba el movimiento de una rueda con unos imanes acoplados. El giro de los imanes creaba un campo magnético variable que inducía la corriente eléctrica necesaria para encender los leds del aparatito. El cacharrito era un simple motor eléctrico, muy eficiente sí, pero que sin la excitación inicial de los condensadores no podría funcionar y al cabo de un tiempo se acabaría deteniendo por la fricción de los elementos mecánicos.

Del análisis de esta maquinita podemos sacar una conclusión evidente pero aparentemente desconocida por muchos, y es que no podemos generar energía a cambio de nada. Como dijo Homer Simpson, (Los Simpsons 1989) "en esta casa respetamos las leyes de la termodinámica". Esto implica que, en todo proceso de conversión de energía, ya sea un motor de combustión donde la energía química del combustible se transforma en energía mecánica, o en nuestro caso donde la energía de la radiación solar se transforma en electricidad, siempre, y recalco, siempre, existen unas pérdidas asociadas a la transformación.

En este capítulo desengranaremos los mecanismos responsables de esas pérdidas que limitan la eficiencia de las células solares fotovoltaicas, cuál es su origen, y cuáles son las estrategias propuestas para reducir el impacto de estas no idealidades.

Respetando las leyes de la termodinámica

Cuando sacamos una botella de agua del interior de la nevera, esta se calienta hasta alcanzar la temperatura del exterior. Este proceso ocurre espontáneamente sin necesidad de aplicar calor adicional (salvo si queremos calentarla más rápido). Sin embargo, la nevera no genera el frío de forma espontánea, sino gracias a un sistema eléctrico que consume energía para extraer el calor de su interior. Ambos procesos pueden ser explicados por una rama de la física llamada **termodinámica.**

La termodinámica estudia el equilibrio térmico y los procesos de transferencia de energía. Gracias a esta disciplina explicamos desde cosas simples, como la transferencia de calor de un radiador a una habitación, hasta otras más complejas, como la generación de energía mecánica en el motor de cuatro tiempos de un automóvil. Estos procesos se basan en el flujo y la transformación de la energía y ocurren de acuerdo con una serie de leyes o principios físicos.

Las leyes de la termodinámica establecen qué procesos pueden ocurrir sin aportar trabajo, y cuáles necesitan de él. Volviendo al ejemplo de los motores térmicos de los vehículos, la energía presente en los enlaces de las moléculas de combustible se libera durante la combustión y es convertida en movimiento gracias a los pistones alojados en el motor. Sin embargo, no toda la energía liberada en la combustión se transforma en potencia mecánica; una fracción se pierde en forma de calor. Del mismo modo que en un motor de combustión existen pérdidas, también se producen en los sistemas de generación de energía eléctrica, incluyendo las células solares.

¿Cuánta energía se pierde en la transformación? La eficiencia de los procesos de generación de energía depende del tipo de conversión y del número de pasos involucrados. Para daros una idea de algunos valores típicos, un motor de combustión de gasolina tiene una eficiencia de entorno al 25-30 %. Un motor eléctrico tiene una eficiencia mayor, de alrededor del 90 %. En cuanto a generación de electricidad, los ciclos de las centrales térmicas como las de gas, el carbón, la nuclear o incluso termosolar (que funciona con la radiación solar, pero concentrándola para calentar un fluido) oscilan entre el 40 y el 60 % en algunos casos.

En lo respectivo a la energía solar fotovoltaica, si tomamos como referencia los módulos comerciales de silicio, encontramos unos valores alrededor del 20 %. Esto implica que, si el Sol nos proporciona 1.000 W/m^2 de densidad potencia, los módulos solo podrán producir 200 W/m^2. Podríamos pensar que, como decía el famoso cómico español José Mota (La hora de José Mota, 2009) en sus sketches, "se nos va el vino en catas". Sin embargo, a diferencia del carbón o el gas, la radiación solar es un recurso inagotable y gratuito, por lo que este 20 % es un valor bastante aceptable.

Que dispongamos de abundante radiación solar no significa que nos conformemos con cualquier dispositivo capaz de convertir una mínima cantidad de radiación en energía eléctrica. Desde los albores de la fotovoltaica se ha trabajado en incrementar las eficiencias de conversión. La primera célula solar comercial, fabricada en 1954, apenas tenía un 6 % de eficiencia [8]. Desde entonces estos valores han crecido notablemente, aunque en lo respectivo a las células comerciales de silicio, nos estamos acercando a los límites máximos de eficiencia impuestos por las leyes de la termodinámica. Como mencionamos anteriormente, los procesos de generación eléctrica están limitados por unas pérdidas inherentes. Profundicemos en las características de estas pérdidas y cómo afectan a las células solares.

Las pérdidas de energía en las células solares

En el año 2023, la empresa china Longi publicó un nuevo récord de eficiencia en células solares de silicio monocristalino (el material usado principalmente en los módulos), alcanzando un 27,3 %[9]. Esto significa que más del 70 % de la energía proveniente de la radiación solar se pierde durante la conversión. ¿A dónde va a parar esa energía que no puede transformarse? Volveremos al tema de los fotones y electrones para explicar paso a paso cómo el proceso de fotoconversión no es perfecto y dónde se encuentran las pérdidas.

Pérdidas por absorción

Durante la fotoconversión, los fotones son absorbidos por los semiconductores, generándose los electrones y huecos que intervienen en la obtención de electricidad. Dentro de la radiación solar encontramos un amplio espectro de fotones de distinta longitud de onda y energía. Por ejemplo, un fotón de color azul, cuya longitud de onda es 400 nm, tiene más energía que uno rojo, cuya longitud de onda es 700 nm. La energía de los fotones influye en su capacidad para ser absorbidos. La primera fuente de pérdidas es el proceso de absorción de la radiación.

8.   First Practical Silicon Solar Cell. https://www.aps.org/apsnews/2009/04/bell-labs-silicon-solar-cell.
9.   First Longi claims world's highest efficiency for silicon solar cells. pv magazine International https://www.pv-magazine.com/2022/11/21/longi-claims-worlds-highest-silicon-solar-cell-efficiency/ (2022).

La eficiencia de la energía solar fotovoltaica

Para que un fotón pueda ser absorbido, su energía debe ser superior a la de la banda prohibida del semiconductor. Si no recuerdas qué era la banda prohibida, puedes volver al Capítulo 2, donde explicábamos la estructura electrónica de los semiconductores. Esta condición provoca que todos aquellos fotones con una longitud de onda mayor de 1.100 nm no puedan absorberse en células de silicio, con lo cual perdemos de primeras una fracción importante del espectro incidente.

En la ilustración observamos un esquema de los tres caminos que pueden seguir los fotones en una célula. Aquellos de longitud de onda larga no absorbidos, atraviesan la célula de lado a lado mayoritariamente. Dentro del conjunto de fotones no absorbidos, encontramos también aquellos reflejados en la cara frontal de la célula. De hecho, veremos en próximos capítulos la necesidad de desarrollar estrategias para reducir esa fracción de radiación reflejada. A pesar de emplear estrategias para reducir la reflexión, muchos de nuestros fotones incidentes no se absorben. Debido a estas pérdidas, nos queda aproximadamente un 75 % de energía disponible para poder convertir en electricidad.

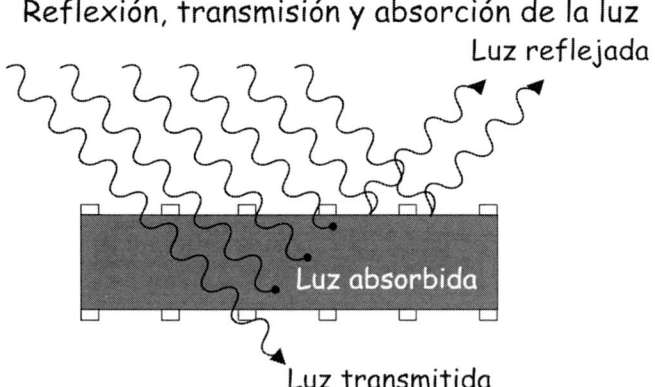

Reflexión, transmisión y absorción de la luz

Luz reflejada

Luz absorbida

Luz transmitida

Perdidas por termalización

Cuando un fotón se absorbe, este transmite su energía a un electrón de la banda de valencia para que este supere la banda prohibida y alcance la banda de conducción. Debido a la estructura electrónica del semiconductor, para generar portadores de carga bastaría solo con los fotones de energía igual a la banda prohibida, pero en el espectro solar disponemos de fotones más energéticos. Esto implica un aporte de energía superior al que sería suficiente para generar una cierta cantidad de electrones y huecos.

Imagínense un niño jugando a intentar colar una pelota en un balcón como hemos dibujado en la ilustración de la página siguiente. En este símil, la pelota es el electrón, el balcón es la banda de conducción, el suelo es la banda de valencia, la distancia entre el suelo y el balcón es la banda prohibida, y el niño es el fotón. Si el niño tira suficientemente fuerte, colará la pelota.

Este niño tiene un hermano mayor que es más fuerte, e intenta colar otra pelota igual a la de su hermanito. El hermano mayor lanza la pelota a mayor altura, pero la pelota al colarse en el balcón, aunque haya subido más en el lanzamiento, queda en la misma posición que la lanzada por su hermano pequeño. A pesar de la diferencia de fuerza, el resultado del lanzamiento de ambos hermanos es el mismo.

Cuando un electrón de mayor energía que la banda prohibida es absorbido, ocurre algo similar a cuando el hermano mayor lanza la pelota. Este efecto está representado en la esquina de la ilustración de la página siguiente. El fotón (flecha ondulada) se absorbe generando un hueco (punto blanco) y un electrón libre (punto negro). Como su energía es mayor que la de la banda prohibida, el electrón libre queda por encima del límite de la banda de conducción, pero acaba perdiendo ese exceso de energía en forma de calor y bajando a la altura del nivel de la banda de conducción.

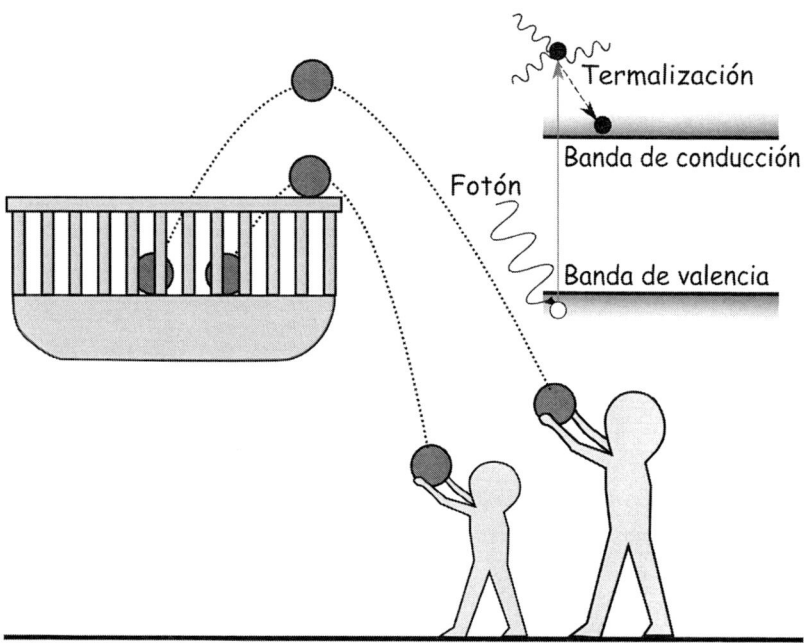

Aunque el fotón le aporte más energía al electrón para superar la banda prohibida, este exceso se disipará

Por tanto, aunque un fotón azul proporcione más energía al electrón que está promocionando a la banda de conducción, que un fotón rojo, al final ambos electrones quedan al mismo nivel, independientemente del fotón que les haya hecho superar la banda prohibida. Este tipo de pérdidas se llaman pérdidas por **termalización** y se deben a que los electrones disipan ese exceso de energía aportado por encima de la banda de conducción. Estas pérdidas restan gran parte de la energía disponible al inicio, dejándonos aproximadamente un 48 % del total incidente sobre la célula.

Perdidas por recombinación

De la misma forma que la absorción de fotones genera electrones y huecos, estos pueden desaparecer antes de ser extraídos del semiconductor por la recombinación. Este proceso se debe a que el material, al estar excitado, se encuentra fuera de las condiciones de equilibrio y busca recuperar su estabilidad inicial. Aunque la unión PN ayuda a separar los electrones libres y los huecos, es inevitable que parte de ellos se recombine antes de extraerse de la célula. Después de estas pérdidas tendremos restante un 32 % de la energía proporcionada inicialmente por la radiación solar.

Este límite del 32 % en células de silicio se conoce en fotovoltaica como límite **Shockley-Queisser** nombrado así por ser estos dos científicos quienes en 1961 realizaron los cálculos matemáticos para obtener este resultado [10]. El límite será diferente para otros materiales diferentes al silicio que presentan una banda prohibida distinta. El límite Shockley-Queisser es un valor tope para la eficiencia de una célula solar y superarlo es termodinámicamente imposible. El hecho en sí de alcanzar este valor de eficiencia supone un reto tremendo, porque, aparte de las pérdidas mencionadas, existen otras adicionales debido a más desviaciones del funcionamiento ideal de los dispositivos. Por mencionar un ejemplo, la recombinación, que nos limitaba al 32 % junto con las demás pérdidas, no es la única responsable de la aniquilación de electrones y huecos. Estos también pueden recombinarse por defectos en el material o en la superficie de los semiconductores, reduciendo aún más el rendimiento.

10.   Shockley, W. & Queisser, H. J. Detailed Balance Limit of Efficiency of p-n Junction Solar Cells. *Journal of Applied Physics* **32**, 510–519 (1961).

Los materiales ofrecen una resistencia al paso de la corriente eléctrica. Se habrán fijado que todos los dispositivos electrónicos se calientan cuando están en funcionamiento. Ese calor generado es debido a la resistencia eléctrica de los materiales. Los electrones pierden energía al chocar con los átomos durante su movimiento a través de los semiconductores. Cuantos más obstáculos encuentren los electrones y los huecos para moverse en un material, más difícil será extraerlos y menor será la eficiencia resultante.

Finalmente, para extraer las cargas de la célula necesitamos los contactos eléctricos. Conseguir contactos de buena calidad para semiconductores no es una tarea fácil, pues debemos crear un "puente" entre dos materiales con propiedades eléctricas dispares. Científicos e investigadores trabajan día a día para reducir este tipo de pérdidas. Con este objetivo se analizan combinaciones entre metales y semiconductores que reduzcan al mínimo la resistencia de contacto entre ambos y favorezcan el flujo de las cargas. Sin entrar muy en detalle, una estrategia es el uso de semiconductores muy dopados justo en la zona donde se unen al metal, una excelente técnica para incrementar la calidad.

Las pérdidas del panel y la instalación

Cuando hablamos de eficiencia conviene distinguir entre la célula y el módulo fotovoltaico. Una sola célula no proporciona la energía suficiente para alimentar la mayoría de los aparatos eléctricos que usamos a diario. Necesitamos conectar muchas de ellas para incrementar el voltaje. Este hecho implica añadir más obstáculos para los electrones y más puntos donde se producen pérdidas.

En marzo de 2024, la compañía singapurense Maxeon alcanzó una eficiencia récord de un 24,9 % en sus módulos de silicio monocristalino [11], un valor aproximadamente un 2 % por debajo del récord de eficiencia de la célula individual. Los módulos comerciales presentes en el mercado ofrecen unas eficiencias de conversión de alrededor de ese 20 % que mencionábamos al inicio del capítulo.

Los fabricantes de módulos certifican los valores de eficiencia midiendo la curva intensidad-voltaje del módulo en lo que se denomina condiciones estándar de medida (STC, del inglés *standard test conditions*). Si algún día deciden instalar fotovoltaica en sus hogares, en la hoja de especificaciones ofrecida por el fabricante encontrarán estos datos. Las condiciones STC hacen referencia a cómo se ha obtenido el valor de eficiencia. Este se logra midiendo el módulo a una temperatura de 25 °C y bajo una iluminación de 1.000 W/m^2, que es aproximadamente la irradiancia solar cuando la luz solar incide directamente sobre la superficie del módulo.

Por último, en una instalación fotovoltaica, es necesario transformar la corriente continua proporcionada por los módulos en corriente alterna usando un inversor, un aparato que nada tiene que ver con alguien que compra o vende acciones en la bolsa. Quizá no les suene de nada esto de corriente continua y alterna, y puede que no sepan que es un inversor, pero tranquilos que tenemos un capítulo entero a explicar estos conceptos. Sin embargo, debemos quedarnos con la idea de que estas transformaciones adicionales restan unos puntitos de eficiencia, que no es mucho, dado que la eficiencia de los inversores es superior a un 90 %. Descontando la parte del inversor, la eficiencia de conversión de nuestro sistema tiene un valor alrededor del 16-18 %.

11. Maxeon Sets Another Solar Panel Efficiency Benchmark and Achieves Leading Reliability Certification - Mar 21, 2024. https://mediaroom.maxeon.com/2024-03-21-Maxeon-Sets-Another-Solar-Panel-Efficiency-Benchmark-and-Achieves-Leading-Reliability-Certification.

Un 18 % de eficiencia podría parecer reducido, pero ese valor puede considerarse pobre o adecuado en función de la energía de partida transformada. Por ejemplo, existen procesos de extracción de metales preciosos que requieren procesar una gran cantidad de minerales para extraer una mínima cantidad de metal, pero que merecen la pena dado el valor del producto final.

En el caso de la fotovoltaica transformamos la radiación solar, un recurso inagotable y del cual disponemos muchas horas del año. Por lo que este 18 % es un valor bastante aceptable dada la disponibilidad del recurso de partida, pero no significa que nos conformemos con él. Los nuevos conceptos de células solares buscan incrementar la eficiencia aumentando la producción de energía eléctrica.

Aumentando la eficiencia de las células

El límite termodinámico Shockley-Queisser parece una losa insalvable que impide aumentar la eficiencia de conversión de las células fotovoltaicas. No obstante, existe la posibilidad de incrementar el rendimiento de los dispositivos y encontrar, por ejemplo, células de silicio con eficiencias del 33,9 %. ¿Pero no deben respetarse las leyes de la termodinámica y estas limitaban la eficiencia a un 32 % para este material? Pues claro que sí, las leyes de la termodinámica son, como decía un antiguo profesor mío de la carrera "impepinables" y no podemos saltárnoslas. Entonces, ¿qué estamos haciendo para superar los valores límite?

La respuesta está en el hecho de que este límite es aplicable para una célula solar individual. Cuando unimos dos células de materiales distintos constituyendo una **multiunión**, el límite de rendimiento del dispositivo se incrementa. La idea de esta estructura es sencilla. Como los semiconductores solo pueden absorber la luz con energía superior a su banda prohibida, emplearemos dos células distintas:

una que, por ejemplo, solo pueda absorber hasta la luz verde y otra que absorba hasta el infrarrojo. Los fotones hasta la luz verde se absorben en el primer material, y los de entre el verde y el infrarrojo en el segundo. El esquema de la multiunión aparece en la siguiente ilustración.

Células multiunión

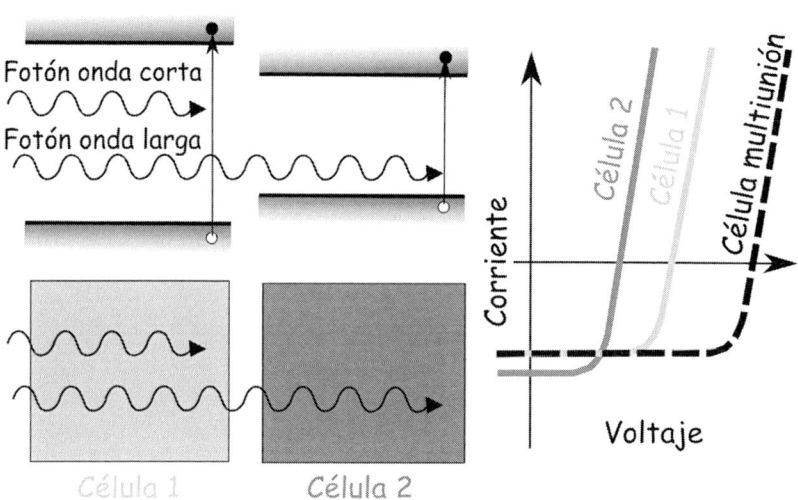

¿Por qué hacemos esto con dos células y no con una sola que absorba los fotones que absorberían las otras dos juntas? La respuesta está en las famosas perdidas por termalización, pues resulta más eficiente la conversión de los fotones de alta energía en un material con mayor banda prohibida que en uno de menor. Volviendo al ejemplo de los hermanos y la pelota en el balcón de la página 78, si el hermano mayor puede colar la pelota en el balcón de una casa de dos pisos, si solo lo cuela en la de una planta, estaría desperdiciando su fuerza. Este es el fundamento de las células multiunión.

Además, en estas estructuras conectamos en serie varios dispositivos, de forma que el voltaje de salida es la suma de los voltajes proporcionados por cada uno. Cuanto mayor sea el número de células que forman una multiunión, mayor será el límite de eficiencia de conversión. En el caso hipotético de que tuviésemos infinitas células conectadas, el límite alcanzaría un valor del 86,8 % bajo luz concentrada [12]. Pero si el emplear células multiunión incrementa la eficiencia, ¿por qué no se fabrican todas las células así, por qué no unimos muchas células una detrás de otra? Existen varias limitaciones asociadas.

Primero, aunque incrementamos el voltaje, el hecho de tener una conexión en serie limita la corriente proporcionada. La corriente de la multiunión debe ser igual en todas las subcélulas que la componen, y esto implica que aquella que menos corriente genera, limita el flujo del conjunto, tal y como apreciamos en la ilustración de la página anterior, donde la célula 1 limita la corriente de salida. Esto dificulta el diseño de estas células, porque debe ajustarse bien la contribución de cada subcélula.

Lo segundo concierne a la conexión entre subcélulas, pues el contacto eléctrico entre semiconductores de distintas uniones PN plantea problemas de flujo de carga, como veremos más adelante al tratar el tema de la fabricación de estos dispositivos en un mayor detalle.

Y tercero, y no menos importante, es el aspecto económico. Los procesos de fabricación de las multiuniones son más complejos y caros que los de las células simples. El beneficio asociado a los más altos valores de eficiencia no compensa actualmente los mayores costes de fabricación.

12.   Third Generation Photovoltaics. vol. 12 (Springer Berlin Heidelberg, 2006).

Aunque más caras, las células multiunión tienen aplicaciones comerciales, principalmente en aquellos nichos donde el elevado coste no es una barrera para su uso, o se necesiten grandes eficiencias de conversión. Algunos ejemplos son los dispositivos fotovoltaicos incorporados en satélites espaciales, o sistemas de transmisión de potencia por luz, donde es necesario convertir en electricidad la luz de un láser. Otro ejemplo podrían ser los sistemas de concentración fotovoltaica que usan lentes para focalizar la radiación solar en una pequeña superficie y con ello bastaría reducir la cantidad de células necesarias, o al menos su tamaño, para tener el sistema operativo.

Resumen

Hemos aprendido dónde se producen las pérdidas del proceso de conversión de la radiación solar en energía eléctrica. La eficiencia de las células solares depende del tipo de semiconductor empleado, pero también de cómo están construidas. Es necesario limitar al máximo los defectos de los materiales para lograr una conversión eficaz. Aun así, los límites marcados por la termodinámica implican que las células solares tengan unas eficiencias aparentemente bajas en comparación con otras tecnologías de generación eléctrica. No obstante, dado que el recurso a convertir es gratuito e inagotable, los valores alcanzados permiten transformar grandes cantidades de energía.

Las pérdidas de eficiencia son debidas a los procesos de transformación de la energía durante la fotoconversión, que abarcan desde la absorción de los fotones de la radiación incidente, hasta la extracción de las cargas eléctricas generadas. A estas pérdidas debemos sumar las derivadas de la integración de las células en los módulos fotovoltaicos, así como las relativas a los sistemas eléctricos que permiten dar uso a la energía, como el conexionado de los módulos o el inversor.

La eficiencia de la energía solar fotovoltaica

La eficiencia de los dispositivos fotovoltaicos ha ido en crecimiento desde el nacimiento de esta tecnología, y la estrategia de las células multiunión es una de las vías para seguir aumentando el rendimiento, así como el empleo de nuevos tipos de semiconductores y estructuras. No obstante, es necesario que estos dispositivos sean competitivos a nivel económico en relación con las células individuales, puesto que las ganancias en eficiencia podrían no compensar el incremento de los costes de fabricación.

PARTE II:
La fabricación de células y las instalaciones fotovoltaicas

Capítulo 5

Los materiales de las células solares y su fabricación. El silicio.

En la primera parte de este libro nos hemos centrado en desarrollar el funcionamiento de la célula fotovoltaica y comprender el proceso de conversión de la radiación solar en energía eléctrica. Esta explicación no es sencilla y espero que hayan comprendido las ideas generales con las abstracciones realizadas, sin necesidad de entrar demasiado en la física de semiconductores. En esta segunda parte trataremos aspectos que, aun siendo técnicos, a mi parecer tienen una menor complejidad.

Ahora que sabemos cómo funciona una célula, podemos dar el siguiente paso y preguntarnos acerca de su proceso de fabricación, el cual será distinto atendiendo al semiconductor empleado. Aunque existen muchos tipos de materiales semiconductores y estructuras de dispositivo, actualmente más del 90 % de las aplicaciones comerciales emplean la tecnología del silicio cristalino, a la cual hemos hecho referencia varias veces a lo largo del libro. Allá donde vean algún módulo fotovoltaico, con toda seguridad estará fabricado con este material.

Las razones que han impulsado la preferencia por el silicio sobre las demás tecnologías de célula son la abundancia de materias primas para su obtención, los reducidos costes de fabricación y sus valores relativamente elevados de eficiencia de conversión que superan el 25 %. Alcanzar estos hitos no ha sido sencillo, pues son resultado de un largo camino iniciado hace aproximadamente 80 años con la fabricación de la primera unión PN de silicio.

Dada la importancia del silicio en la industria fotovoltaica, merece la pena dedicarle un capítulo entero, en el que hablaremos de las etapas de fabricación de las células basadas en este semiconductor. Empezaremos viendo cuáles son los recursos de partida, cómo se procesan y purifican los materiales para obtener el nivel de calidad necesario para desarrollar aplicaciones electrónicas. Posteriormente, explicaremos la estructura de la célula, sus elementos principales y su procesado.

Las materias primas

El silicio es el semiconductor por excelencia empleado no solo en fotovoltaica, sino en la industria electrónica en general. Los orígenes del uso de este material en la sociedad datan del siglo XIX, cuando empezó a extraerse el elemento puro a partir de otros compuestos presentes en las rocas. El nombre silicio o *silicium* tiene su origen en el latín *sillex*, que significa roca o pedernal, al que Humprey Davy añadió la terminación —*ium*, referente a los metales. En lo relativo a su empleo en células solares, fue en 1940 cuando el estadounidense Russell Ohl construyó la primera unión PN con este elemento [13]. Por aquellos años, la ciencia de semiconductores daba sus primeros pasos y en los laboratorios se trabajaba con todo tipo de materiales. La razón por la que se apostó principalmente por el silicio responde no solo a sus propiedades, sino también a su disponibilidad. Se trata del segundo elemento más abundante en la corteza terrestre, suponiendo un 28 % de su totalidad [6].

13. Riordan, M. & Hoddeson, L. Crystal fire: the invention, development and impact of the transistor. IEEE Solid-State Circuits Society Newsletter 12, 24–29 (2007).

Encontramos silicio allá a donde pongamos la vista. Los vidrios de las ventanas de sus casas o de las botellas de cerveza están fabricados con óxido de silicio. Los materiales de construcción como el hormigón o los ladrillos también contienen este elemento. En la naturaleza lo encontramos en la arena y en casi todas las rocas, formando óxidos y silicatos. Podríamos pensar en fabricar las células fotovoltaicas usando arena y piedras o incluso escombros de obra y botellas de cristal. Sin embargo, no resulta tan sencillo como coger piedras del campo y meterlas en un horno para obtener silicio puro.

La razón por la que no podemos ir al Sahara, coger arena y emplearla como materia prima, se debe a que la arena es una mezcla de múltiples compuestos, de los cuales solo nos interesa el óxido de silicio o también llamado sílice (SiO_2). En la fabricación necesitamos tener de partida una alta cantidad de este óxido, ya que de lo contrario el proceso sería muy ineficiente. Por suerte, en la naturaleza existen minerales como las cuarcitas, unas rocas cuyos contenidos de sílice superan el 90 %.

La sílice se transforma en silicio mediante una reacción química con el carbono (otro ingrediente necesario) cuando ambos alcanzan temperaturas entre 1.900 y 2.100 °C. La reacción ocurre dentro de un **horno de arco eléctrico**, un enorme aparato en el cual se hace pasar una corriente eléctrica entre unos electrodos fabricados con grafito y los materiales introducidos en su interior. En la página siguiente podemos observar una ilustración donde representamos el esquema del proceso.

El paso de la electricidad a través del contenido del horno provoca una enorme cantidad de calor, favoreciendo las condiciones necesarias para la reacción química entre el carbono y la sílice. Los productos del horno son una masa líquida de silicio fundido sobre la cual flota una mezcla de óxidos y una corriente de gases formada principalmente por dióxido de carbono. Los gases de salida se tratan para reducir su toxicidad y recuperar aquellas partículas de sílice en suspensión que no han reaccionado. El silicio líquido obtenido posee una mayor densidad que los óxidos formados en la parte superior del material fundido, siendo fácilmente separable a través de un conducto alojado en la parte inferior de la estructura del horno.

Esquema del horno de arco eléctrico para producir silicio

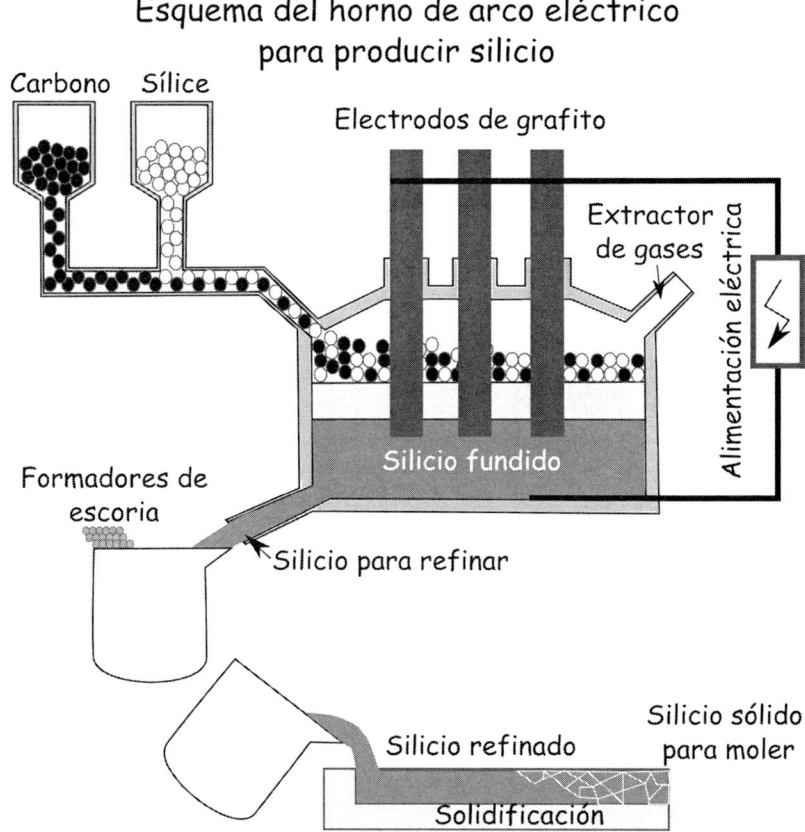

Este silicio aún no posee las características necesarias para emplearse en células solares. Esto se debe al exceso de impurezas, ya que, tras el proceso, entre el 10 y un 20 % de la composición del material resultante corresponde a otros elementos. Para reducir la presencia de elementos no deseados, el material saliente del horno se trata con una serie de compuestos, principalmente óxidos, para formar una **escoria.** La escoria es una masa semisólida que flota sobre el material fundido y que reacciona con las impurezas disueltas extrayéndolas del silicio líquido. El resultado de este proceso de **refinado** permite lograr una pureza superior al 90 %. Este fluido acondicionado se vierte en un conducto en el cual solidifica y posteriormente se trocea en pedacitos de máximo 10 cm de diámetro.

Purificación del material

Pese al elevado grado de pureza alcanzado tras las etapas del horno de arco y el refinado subsiguiente, aún no es suficiente para proceder a la fabricación de células. Necesitamos purezas superiores al 99 % para pasar de lo que se conoce como **silicio de grado metalúrgico** al **silicio de grado semiconductor.** Esto lo lograremos a través del proceso **Siemens.** Este nombre les resultará familiar, pues se trata de una famosa empresa alemana de electrodomésticos y muchas más cosas, pero les sonará más por sus frigoríficos o lavadoras o si son futboleros, por haber sido patrocinador del Real Madrid.

Esta fase consiste en disolver el silicio formando un compuesto llamado triclorosilano ($HSiCl_3$) a través de la reacción con ácido clorhídrico (HCl) a 350 °C. El triclorosilano es un gas volátil de bajo punto de ebullición (32 °C). Aparte de este gas se forman otros compuestos gaseosos resultantes de la reacción de las impurezas con el ácido. Esta mezcla de gases es fácilmente separable mediante un proceso de destilado que aprovecha los distintos puntos de evaporación de los compuestos formados. La mezcla entra dentro de una columna de forma que cada gas se condensa y recoge a una determinada altura, permitiendo obtener una corriente de triclorosilano de muy elevada pureza.

El triclorosilano obtenido se diluye con hidrógeno y se introduce en un reactor en el cual hay alojadas dos barras de silicio de muy alta pureza con forma de U, conectadas a una alimentación eléctrica que las calienta a una temperatura de 1.100 °C. Cuando las moléculas de triclorosilano entran en contacto con ellas, se descomponen liberando el silicio, de forma que las barras crecen progresivamente gracias a los átomos que se adhieren paulatinamente a su superficie. Durante esta fase es necesario refrigerar la envoltura externa del reactor para evitar que el silicio se pegue en las paredes. Tras el proceso Siemens, obtendremos unas barras de silicio con el grado de pureza requerido para desarrollar dispositivos fotovoltaicos. En la página siguiente hemos representado un esquema del reactor donde tiene lugar el proceso Siemens.

Esquema del proceso Siemens

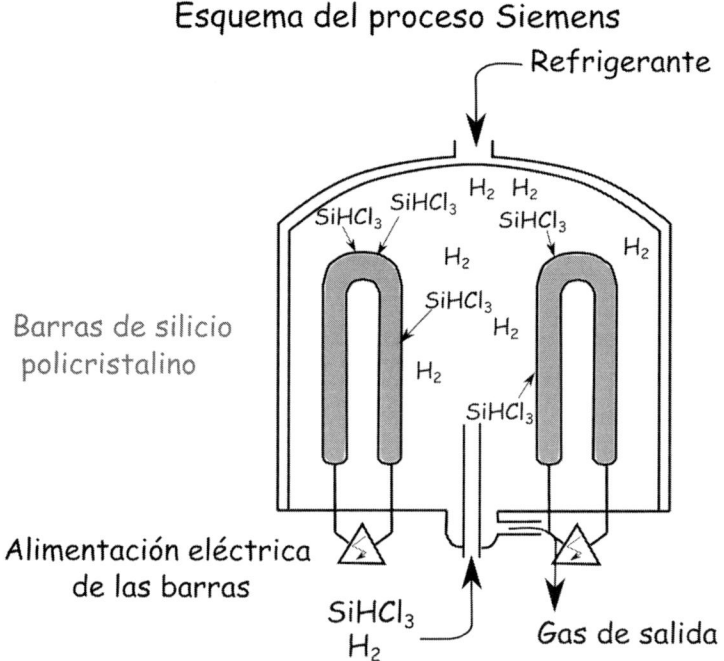

Monocristal o policristal

En el siguiente paso de producción podemos seguir dos rutas. La fabricación de dispositivos de silicio **multicristalino** o **monocristalino**. Ambos tienen calidad de semiconductor, pero se diferencian en su estructura interna. Recordemos que la mayoría de los materiales formaban redes cristalinas en las cuales cada átomo ocupaba una posición en el espacio en relación con sus vecinos. Si esta ordenación a nivel atómico se mantiene a escala macroscópica, tendremos un **monocristal**.

Obtener un monocristal es algo extremadamente difícil, pues es necesario que la solidificación del material inicie en un único punto y los átomos se vayan incorporando ordenadamente a ese punto original que recibe el nombre de germen de solidificación. En la mayoría de los casos, la solidificación se inicia en múltiples puntos del material fundido, formándose muchos gérmenes de solidificación que crecen y acaban agrupándose, formando granos.

Los granos son subestructuras con la misma red cristalográfica, pero la orientación de cada uno es particular. Al terminar la solidificación, el resultado es un conglomerado de granos visibles en un microscopio óptico o, lo que es lo mismo, un **policristal o multicristal.** En la siguiente ilustración observamos una representación de la diferencia entre una estructura monocristalina y una policristalina. En el policristal, cada grano tiene la misma estructura periódica de átomos, pero están girados un cierto ángulo respecto a los granos vecinos. Esto provoca que la zona de contacto entre los granos o borde de grano sea irregular.

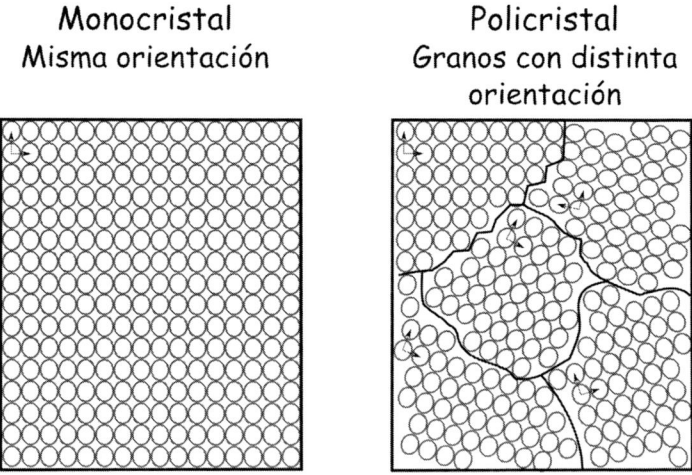

Monocristal
Misma orientación

Policristal
Granos con distinta
orientación

Fabricar el silicio multicristalino es sencillo, pues basta con fundir las barras resultantes del proceso Siemens y verter el fluido en un molde. El silicio solidifica desde la base hasta la superficie formando lingotes con unas dimensiones de unos 70 x 70 cm de base y unos 30 cm de alto. En este caso, la solidificación se inicia a la vez en los puntos de contacto entre el líquido y el molde, y los granos crecen desde la periferia hasta el interior del lingote.

El silicio monocristalino es más difícil de obtener y se produce mediante el método **Czochralski,** desarrollado por el químico polaco Jan Czochralski hace más de 100 años. Este proceso fue descubierto cuando Jan metió accidentalmente su pluma en un recipiente con estaño líquido y al retirarla observó la formación de un hilo de metal solidificado pegado a la punta. En este método, las barras se funden en un crisol en condiciones de vacío. Una vez estabilizada la temperatura del material líquido en torno a los 1.400 °C, se introduce en él un monocristal de silicio que actúa como germen de solidificación, de forma que los átomos del líquido se incorporan al germen, manteniendo su orden cristalográfico. El monocristal introducido en el reactor está emplazado en un soporte para facilitar su desplazamiento en dirección vertical y al mismo tiempo hacerle girar. Según se forma el lingote, este se extrae progresivamente, obteniendo un bloque de geometría cilíndrica. El esquema del proceso podemos observarlo en la ilustración de la página siguiente.

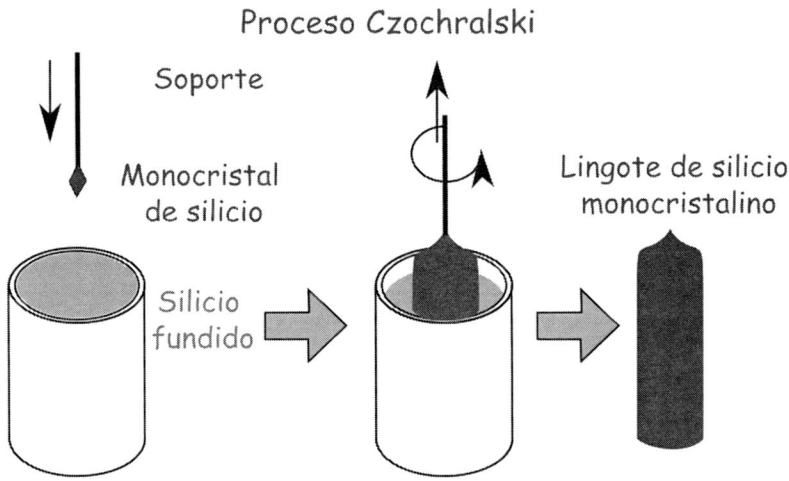

Proceso Czochralski

Tanto en el proceso Czochralski como el de obtención de policristal, el resultado es un lingote de silicio de dimensiones excesivas en comparación al grosor de las células solares. Para pasar de estos bastos bloques a dispositivos con espesores de 0,2 mm necesitamos emplear herramientas de corte de elevada precisión. Estos espesores se logran gracias a cortadoras de hilos muy delgados fabricados con acero de alta resistencia. Los filamentos del aparato giran a alta velocidad, generando la fricción necesaria para seccionar el silicio en múltiples discos denominados **obleas**. Sería algo parecido a cuando ustedes acuden a la charcutería y piden que les corten el jamón cocido en lonchas, pues imagínense con un bloque de silicio. Durante el proceso, se inyectan sobre la zona de contacto entre filamento y lingote unos agentes lubricantes para minimizar el daño sobre el material y el hilo, y evitar un excesivo calentamiento de ambos.

Quizá ahora se pregunten si es mejor fabricar el silicio multicristalino o monocristalino. El monocristalino es más eficiente, presentando un récord de rendimiento un 4,3 % mayor. Este mejor resultado se explica por el hecho de ser un cristal único en vez de muchos unidos. Recuerden que, para lograr una alta eficiencia, los materiales deben tener pocos defectos que entorpezcan el flujo de las cargas. En un policristal, los límites entre los granos son un defecto estructural no presente en los monocristales

Fabricar células multicristalinas resulta más barato, pues no necesitan del proceso Czochralski. Por este motivo, hace unos 15 años había una clara preferencia por desarrollar la tecnología basada en este tipo de estructura. Sin embargo, hoy día la tecnología del monocristalino ha alcanzado tal grado de madurez que los beneficios asociados al incremento en eficiencia superan al potencial incremento en costes. Por esta razón, el silicio monocristalino ha ganado progresivamente una mayor cuota de mercado en comparación con el multicristalino hasta el punto de que a fecha de hoy apenas se usa este último en aplicaciones comerciales.

De la oblea a la célula

Las obleas obtenidas tras el corte van a transformarse en nuestras células fotovoltaicas siguiendo una serie de pasos que explicaremos a continuación haciendo referencia al *Handbook of Photovoltaics* [14], una publicación detalladísima sobre todo lo relacionado con la fotovoltaica. Este texto contiene todos los detalles sobre esta tecnología y es un magnífico recurso para los especialistas en este campo.

14. Tobías, I., del Cañizo, C. & Alonso, J. Crystalline Silicon Solar Cells and Modules. in Handbook of Photovoltaic Science and Engineering 265–313 (John Wiley & Sons, Ltd, 2010). doi:10.1002/9780470974704.ch7.

El proceso que explicaremos es el empleado para el silicio monocristalino. En el caso del policristalino, alguno de los pasos del siguiente procedimiento podría no ser aplicable, siendo necesario usar variantes. No obstante, dada la relevancia actual del monocristalino, nos centraremos en él, describiendo una a una cada etapa del proceso, cuyo esquema pueden observar en la página 102:

1. Durante el corte de las obleas y pese a usar refrigerante, la superficie externa ha podido verse afectada por las temperaturas generadas a causa de la fricción en el corte y debe eliminarse esta zona afectada. Esto se logra aplicando un químico que elimina las zonas dañadas.

2. Después, otro agente químico se utiliza para **texturizar** la superficie de la célula. Este proceso genera un relieve superficial que reduce la reflexión de los rayos de luz incidentes, favoreciendo la absorción.

3. Tras texturizar, es el momento de crear la unión PN. El silicio obtenido tras el proceso de fabricación de las obleas es de tipo P. Este se expone a un agente dopante a base de fósforo que difunde hacia el interior de la oblea, generando una zona superficial dopada tipo N. Recordemos que la difusión es el proceso por el cual un átomo se mueve a través de la red cristalográfica de un material sólido. Como el proceso necesita altas temperaturas, esta etapa se lleva a cabo en el interior de un horno.

4. El dopaje N ha afectado a toda la superficie de la célula y también a sus bordes, por lo que, para evitar un cortocircuito entre la parte frontal y trasera del dispositivo, se cortan los bordes de la oblea.

5. Para mejorar aún más la absorción de la luz, se deposita una capa transparente de óxido de titanio que realiza la función de **capa antirreflectante**.

6. Para extraer la corriente generada, se añaden los contactos metálicos de la parte frontal de la célula. Esta etapa consiste en depositar una pasta de plata formando una rejilla que abarca toda la superficie de la célula y está conectada con unas secciones más gruesas de metal para extraer la corriente del dispositivo. Para el contacto de la parte trasera se realiza el mismo proceso del apartado anterior, pero empleando una pasta que contiene aluminio, porque el silicio tipo P no hace buen contacto con la plata.

7. Finalmente, el conjunto se alea a una temperatura de 600 °C. En estas condiciones, el aluminio presente en los contactos traseros difunde en el silicio. La parte trasera se había dopado N en el paso número 2, pero ahora el aluminio, que es un dopante tipo P, contrarresta el dopaje inicial y conecta con el silicio tipo P presente debajo de esta capa que podríamos llamar "parásita" en la parte trasera de la célula.

Procesado de obleas de silicio

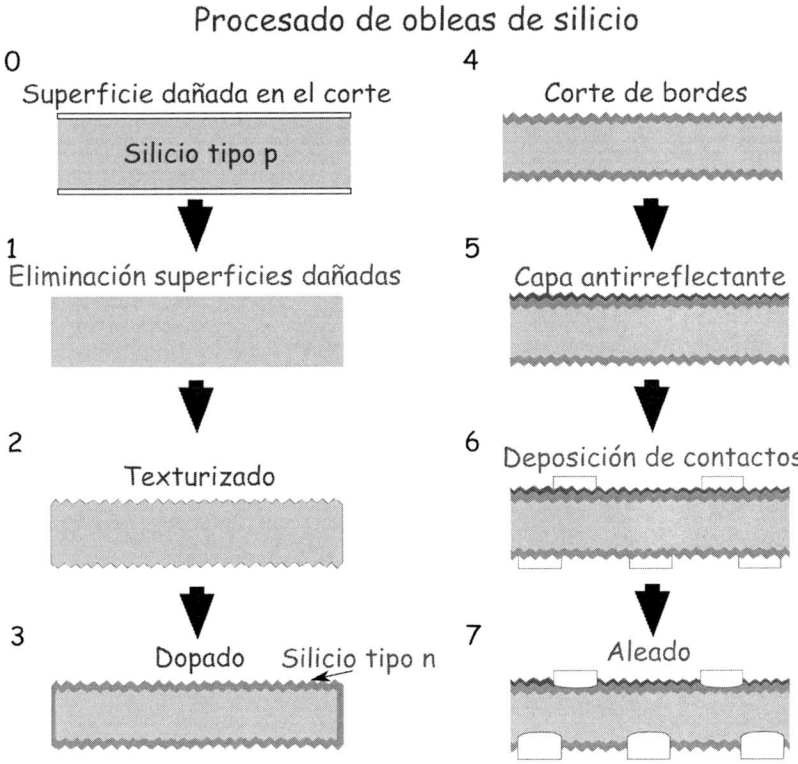

Tras estos pasos, ya tenemos listas nuestras células fotovoltaicas de silicio. En la práctica, para mejorar su rendimiento, se emplean diferentes técnicas para optimizar la extracción de las cargas eléctricas generadas en la unión PN. Una estrategia es el empleo de un mayor dopaje del semiconductor en la zona de contacto con los metales. También se ha trabajado en mejorar el texturizado de las superficies para potenciar la absorción.

Actualmente, la estructura de célula de silicio más común a nivel comercial recibe el nombre de PERC, que significa *passivated emitter rear contact*. Sin entrar en muchos detalles, la PERC presenta una arquitectura muy similar a la del proceso de fabricación que hemos desarrollado, pero añadiendo unas capas en la parte trasera para facilitar la extracción de las cargas. Todos estos avances han posibilitado lograr eficiencias cercanas a los límites termodinámicos para el silicio y al mismo tiempo garantizar unos costes de producción mínimos. El alto grado de desarrollo, conocimiento y automatización de estos procesos de fabricación ha convertido al silicio en la tecnología fotovoltaica más competitiva y de mayor grado de madurez del mercado.

Resumen

El silicio es el material más empleado en la industria fotovoltaica al ofrecer una solución de compromiso entre aspectos de disponibilidad de materiales, costes de fabricación y eficiencia de fotoconversión. La eficiencia de la célula individual es solo superada por materiales como el arseniuro de galio, que presenta una estructura electrónica más favorable, pero notablemente más cara. Estas características han convertido al silicio cristalino en la tecnología dominante, en especial a raíz de los progresos alcanzados en la pasada década.

Las células de silicio se fabrican a partir de la sílice presente en altos porcentajes en ciertos tipos de formaciones rocosas. A través de un proceso parecido al de fabricación de otros metales, se separa el elemento de su óxido para obtener el silicio de grado metalúrgico. No obstante, en electrónica se precisa de un mayor grado de pureza, necesitando realizar el proceso Siemens para pasar al grado semiconductor.

El silicio empleado en fotovoltaica puede ser monocristalino o policristalino, pero se prefiere el primero de estos en la fabricación de células comerciales. Esto se debe a su mayor eficiencia al presentar menos defectos en su estructura interna y también a que su obtención no supone un incremento de costes asociados relevante respecto al policristalino. Estos hechos han convertido a las células monocristalinas en la opción preferida para las aplicaciones comerciales.

El silicio se corta en obleas, las cuales son sometidas a las últimas etapas de procesado. Estas consisten principalmente en la obtención de la unión PN, el incremento de la capacidad de absorción de la estructura y la fabricación de los contactos eléctricos para extraer la corriente. En un próximo capítulo daremos más detalles acerca de las células.

La tecnología fotovoltaica basada en silicio es actualmente la más desarrollada y empleada en la industria. Las etapas que nos permiten pasar de las materias primas a los componentes electrónicos pueden parecer numerosas, pero muchos de estos procesos están altamente automatizados, permitiendo reducir notablemente los costes de producción. Todo esto ha contribuido a que hoy día las células de silicio sean una opción asequible y eficaz para la generación de energía eléctrica no solo del presente, sino también del futuro.

Capítulo 6

Los materiales de las células solares y su fabricación. Película delgada y multiuniones

Aunque el silicio monocristalino es el gran protagonista de la industria fotovoltaica que parece haber ganado la batalla al resto de tecnologías, lo cierto es que hace no muchos años no estaba tan claro que llegase a alcanzar tal nivel de éxito. Existían por entonces otros tipos de células que también se postulaban como alternativas a liderar el sector, cada una de ellas con sus puntos fuertes particulares, pero que no han podido seguir en su mayoría el ritmo de reducción de costes experimentado por el silicio en la última década.

Hoy en día, estas tecnologías siguen vigentes e incluso han aparecido nuevas estructuras de célula que muestran una rápida curva de aprendizaje, mejorando sus datos de rendimiento año a año. Algunas de estas alternativas se emplean en nichos donde, o bien no podría usarse el silicio convencional u ofrecen una mayor eficiencia. De hecho, es altamente probable que el enorme crecimiento de la fotovoltaica previsto en los próximos años vaya acompañado del desarrollo de nuevos dispositivos a base de otros semiconductores.

En el presente capítulo hablaremos de estas células alternativas. Introduciremos las llamadas **thin film o células de película delgada**, que presentan las ventajas de requerir menor cantidad de material en su fabricación o la capacidad para adaptarse a geometrías complejas. También volveremos sobre las **multiuniones** de materiales III-V, unos dispositivos con elevado rendimiento. Finalmente, comentaremos en algunas líneas las características de las nuevas tecnologías con las que se trabaja día a día en los laboratorios y que podrían implementarse en un futuro cercano.

Materiales y fabricación de células: película delgada y multiuniones

Silicio amorfo

Seguro que casi todos ustedes han tenido o tienen una calculadora que no necesita pilas. Esto es posible gracias a que los aparatitos poseen células fotovoltaicas que les suministran energía. Dichas células son de silicio, pero tanto su proceso de fabricación como su estructura difiere respecto al desarrollado en el capítulo anterior. En este caso no se producen obleas a partir de un lingote, sino que son fabricados empleando técnicas como la **deposición química en fase vapor o CVD** (del inglés *chemical vapour deposition*).

La técnica CVD emplea una cámara de vacío donde se introducen gases para dar lugar a una reacción química. El resultado del proceso es la formación de un compuesto sólido que se adhiere a la superficie de un sustrato alojado en el interior de la cámara. De este modo, los átomos de silicio se depositan poco a poco formando una capa de material de espesor fácilmente controlable. Sin embargo, esta capa no presenta la estructura mono o policristalina propia de los lingotes, sino una configuración aleatoria y desordenada donde los átomos no guardan una orientación específica respecto a sus vecinos. Por esta característica, denominamos al material **silicio amorfo**.

A pesar de su estructura no cristalina, el silicio amorfo funciona como un semiconductor y esta ordenación atómica particular le proporciona ciertas propiedades. Absorbe mejor la luz incidente, permitiendo reducir el espesor de los dispositivos y con ello la cantidad de material necesario para su fabricación. También es posible cambiar su composición, por ejemplo, añadiendo átomos de germanio y modificando la banda prohibida del semiconductor. Pero quizá la ventaja más destacable es la posibilidad de crecerlo sobre todo tipo de sustratos gracias a que las temperaturas empleadas en su fabricación son relativamente bajas, en torno a 75 °C, y con mucha precisión para determinar su espesor. Esto posibilita su empleo en la fabricación de células solares flexibles, adaptables a todo tipo de geometrías, y/o semitransparentes [15].

La estructura típica de célula de silicio amorfo podemos observarla en la siguiente ilustración. La parte fotoactiva está constituida por un semiconductor intrínseco y dos zonas dopadas, tipo P y tipo N que realizan la función de contactos. La capa N se suele contactar con un metal, y la P, que es la superior, usando óxidos transparentes conductores de la electricidad para permitir el paso de la luz. La célula se construye depositando una a una cada capa, posibilitando incluso combinar el silicio amorfo con otros materiales. Además, otra ventaja es que este proceso resulta más económico que el del cristalino, por lo que en su día se planteó que la tecnología del silicio amorfo pudiera ser la dominante del mercado fotovoltaico.

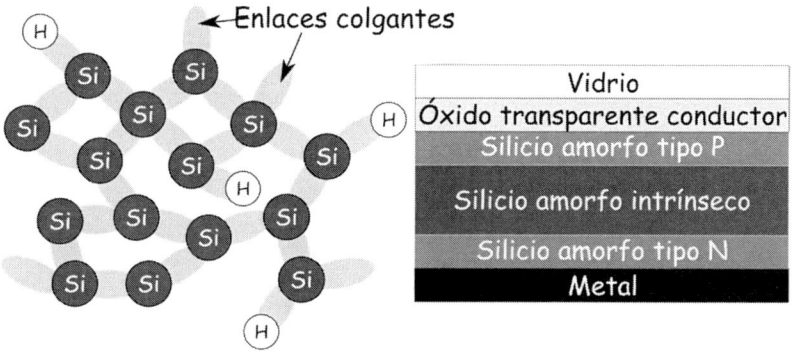

Estructura atómica del silicio amorfo — Estructura convencional de célula de silicio amorfo

15. Yang, R., Lee, C.-H., Cui, B. & Sazonov, A. Flexible semi-transparent a-Si:H pin solar cells for functional energy-harvesting applications. Materials Science and Engineering: B 229, 1–5 (2018).

Materiales y fabricación de células: película delgada y multiuniones

Podría parecer por lo explicado que estemos perdiendo el tiempo y el dinero en desarrollar células de silicio cristalino, pero realmente, si la variedad amorfa fuese tan buena, hoy en día se fabricarían todos los paneles fotovoltaicos con este material. El silicio amorfo es menos atractivo por su limitada eficiencia, que se encuentra en torno al 10 %. Este reducido valor se debe a la propia estructura amorfa del semiconductor.

Al no colocarse correctamente formando una red cristalina, los átomos de silicio no están ligados a otros cuatro iguales. Por este motivo, los átomos no alcanzan una estructura electrónica estable, apareciendo trampas de carga debido a esos enlaces incompletos que en la ilustración de la página anterior hemos denominado enlaces colgantes. Estos enlaces atrapan las cargas libres generadas durante la fotogeneración. Para paliar estos efectos, durante la deposición del material debe introducirse hidrógeno en la cámara de vacío, usando como gas precursor el silano (SiH_4). De esta forma, se eliminan los enlaces colgantes mediante la unión entre átomos de silicio e hidrógeno, bloqueando las "trampas" de carga.

Aunque la presencia de hidrógeno ayuda a mejorar el comportamiento, los valores de eficiencia de estas células quedan aún muy lejos de los obtenidos para el silicio cristalino. En las mismas condiciones de iluminación que el récord mundial de célula monocristalina llega a un 27,3 %, la estructura amorfa se queda en un 10,2 %[16]. Al menor rendimiento ofrecido, hay que sumar la tasa de degradación, es decir, la cantidad de eficiencia que se pierde con el tiempo. La luz afecta negativamente al comportamiento de estos dispositivos, aunque es cierto que la caída de rendimiento es más alta al inicio de la vida de la célula y tiende a estabilizarse, no causando un mayor empeoramiento a largo plazo.

16. Matsui, T. et al. High-efficiency amorphous silicon solar cells: Impact of deposition rate on metastability. Applied Physics Letters 106, 053901 (2015).

El uso del silicio amorfo es cada vez menor, porque a pesar de que la fabricación de dispositivos es más económica que la de sus primos cristalinos, las diferencias de coste entre ambos procedimientos se han reducido mucho en la última década, mientras que la diferencia de eficiencias es enorme. La equiparación de costes fue una de las causas principales de la desaparición en 2012 de uno de los mayores fabricantes de módulos de estos materiales, la compañía estadounidense Energy Conversion Devices. Este hecho ha conducido a que esta tecnología haya quedado relegada al uso en pequeños aparatos electrónicos con bajas necesidades de energía como relojes o calculadoras.

No obstante, el silicio amorfo se emplea junto al cristalino creando un tipo de estructura de célula llamada HIT, acrónimo de *heterojunction with intrinsic thin layer*, desarrolladas por la compañía japonesa Sanyo, hoy parte de Panasonic. Estos dispositivos se basan en una oblea de silicio cristalino que tiene a ambos lados una capa de amorfo intrínseco junto a una de amorfo dopado P en la parte anterior y otra de amorfo N en la posterior. Estas células son ampliamente utilizadas en módulos comerciales, aunque menos que la estructura PERC mencionada en el anterior capítulo.

La posibilidad de desarrollar módulos fotovoltaicos flexibles e incluso semitransparentes a través del control del espesor de material podría ser una ventana para el desarrollo de nuevas aplicaciones de silicio amorfo, pero para alcanzar este objetivo, es necesario solventar sus problemas de rendimiento. Esto podría lograrse combinando el silicio amorfo con el cristalino de forma similar a las estructuras HIT, o con otros materiales, aprovechando la capacidad de modificar la energía de la banda prohibida de este semiconductor.

Materiales y fabricación de células: película delgada y multiuniones

Las células multiunión

Una célula multiunión está formada por el apilamiento vertical de varias uniones PN de distintos materiales. En estas estructuras, cada unión absorbe una parte del espectro solar y el voltaje proporcionado por el dispositivo es igual a la suma de los proporcionados por cada elemento individual. Esta arquitectura ayuda a incrementar la eficiencia. El récord de rendimiento para una multiunión fue obtenido por el Instituto Fraunhofer, alcanzado un 47,6 % en un dispositivo de cuatro uniones bajo luz concentrada [17].

Aunque es posible configurar multiuniones de distintos tipos de semiconductores, incluyendo el silicio, en este apartado nos referiremos a las estructuras constituidas de **materiales III-V**. Estos se corresponden a compuestos formados a partir de elementos del grupo 13 y 15 de la tabla periódica. Entre ellos encontramos principalmente el arseniuro de galio (GaAs), el fosfuro de indio (InP), el fosfuro de indio y galio (GaInP) o el arseniuro de indio (InAs).

La fabricación de estas células se realiza mediante procesos de deposición del material, en los cuales los átomos se colocan uno a uno sobre un sustrato, algo parecido a lo explicado para la obtención del silicio amorfo. El proceso común de fabricación recibe el nombre de deposición de vapor mediante procesos químicos organometálicos (MOCVD del inglés *metalorganic chemical vapour deposition*). El nombre es largo y parece asustar, pero la idea es simple.

17. Fraunhofer ISE Develops the World's Most Efficient Solar Cell with 47.6 Percent Efficiency - Fraunhofer ISE. Fraunhofer Institute for Solar Energy Systems ISE https://www.ise.fraunhofer.de/en/press-media/press-releases/2022/fraunhofer-ise-develops-the-worlds-most-efficient-solar-cell-with-47-comma-6-percent-efficiency.html (2022).

Los semiconductores como el arseniuro de galio no pueden fundirse o purificarse de la misma forma que el silicio cristalino. Necesitamos fabricarlos en unas condiciones controladas. De este modo, los componentes del material se disponen previamente en forma de unos compuestos llamados precursores. Estas sustancias entran dentro de un reactor en forma gaseosa o líquida junto a un gas inerte de arrastre que favorece el flujo de la corriente. En el interior del reactor tiene lugar una reacción química en la cual el átomo que forma parte del semiconductor se libera de la molécula de precursor y se deposita sobre un sustrato. Controlando las condiciones del interior del reactor, se logra que el semiconductor crezca de forma controlada, depositando capas de átomos una a una, definiendo con precisión su espesor y composición. De esta forma, es posible crecer diferentes capas de materiales uno encima de otro, construyendo multiuniones de varias células.

En la ilustración de la página siguiente observamos el esquema del reactor MOCVD donde se crece una capa de arseniuro de galio, junto a una estructura típica de célula multiunión de tres uniones. Debemos destacar que no es posible depositar cualquier material y, de cualquier manera. Para un óptimo resultado, las redes cristalográficas de cada capa, es decir, la forma en la que los átomos de un material se ordenan en el espacio, deben ser muy parecidas. El crecimiento de estos dispositivos es **epitaxial**, lo que significa que la estructura de ordenación atómica del sustrato no solo sirve de soporte, sino que se mantiene en todas las capas subsiguientes.

Materiales y fabricación de células: película delgada y multiuniones

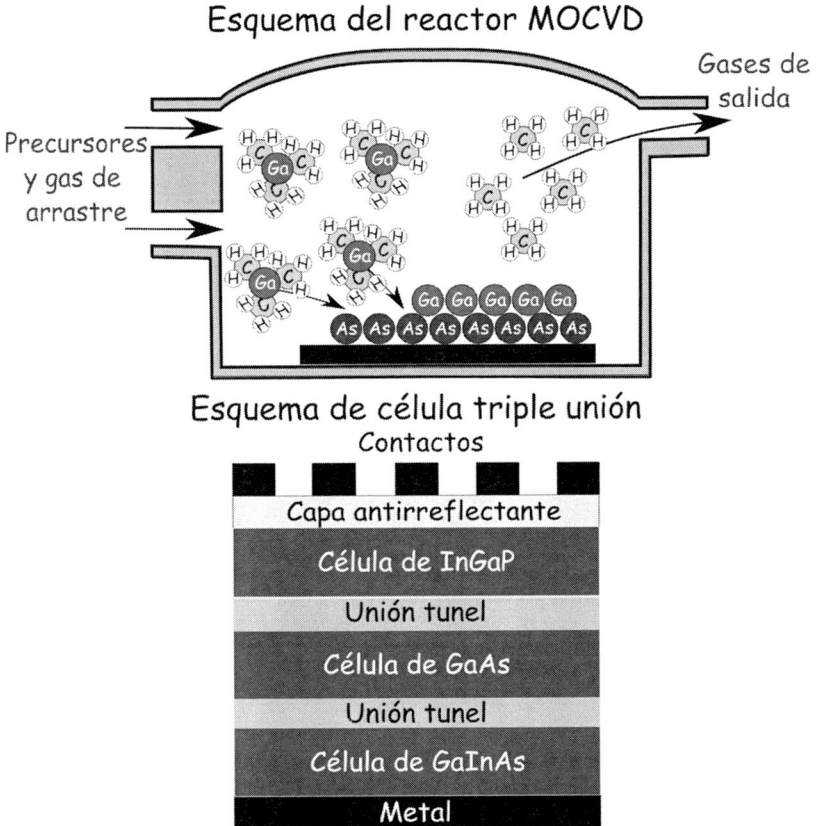

Esquema del reactor MOCVD

Gases de salida

Precursores y gas de arrastre

Esquema de célula triple unión

Contactos

Capa antirreflectante
Célula de InGaP
Unión tunel
Célula de GaAs
Unión tunel
Célula de GaInAs
Metal

Imagínense la construcción de una casa. Primero se realiza la cimentación, luego cada planta y finalmente el tejado. No tendría ningún sentido que la planta baja ocupase un espacio mayor que los cimientos o que el tejado no cubriese totalmente la última planta. En multiuniones de materiales III-V, si intentamos depositar un material encima de otro con una red cristalográfica distinta, o que, aunque tenga la misma red exista un mayor espaciado entre átomos, no se alcanzará una acomodación adecuada, generándose defectos que reducen la eficiencia de la célula.

Una vez constituida la multiunión y al igual que en otros tipos de células, se implementan los contactos eléctricos y la capa antirreflectante. Una pregunta que quizá les surja es acerca de la conexión entre los materiales del dispositivo. Es algo complicado de explicar, porque no resulta tan trivial como pareciese, ya que no pueden apilarse simplemente las subcélulas, así como así. Si conectásemos directamente una unión PN con otra, tendríamos una estructura PNPN formándose una zona de deplexión entre el material N de la primera subcélula y el P de la segunda. Si recordamos lo aprendido en el Capítulo 3, la unión PN eléctricamente funciona como un elemento que deja pasar mayoritariamente corriente en un sentido. La configuración PNPN sería equivalente a tener dos elementos en la misma dirección y un tercero entre estos dos últimos en sentido opuesto. Este tercer elemento impediría el flujo de corriente y el dispositivo no funcionaría correctamente.

Para lograr la conexión entre subcélulas o entre uniones PN, es necesario crecer entre ellas unas estructuras llamadas **uniones túnel**. Sin entrar mucho en detalle, las uniones túnel son capas de materiales muy delgadas y dopadas que las cargas eléctricas pueden atravesar con facilidad sin alterar las propiedades de los semiconductores comunicados a través de ellas.

El proceso de fabricación de este tipo de células no es barato, no solo por el procedimiento en sí, sino también por el precio de los precursores empleados. Las multiuniones de materiales III-V tienen unos costes muy superiores a las células de silicio cristalino, por lo que, a pesar de su notable mayor eficiencia, no pueden competir a nivel comercial con este último. El uso de estas células está reservado a aplicaciones donde un alto rendimiento sea requerido sin necesidad de pensar mucho en las barreras presupuestarias. Este es, por ejemplo, el caso de las células solares para satélites, vehículos espaciales o dispositivos que necesiten convertir la potencia transmitida a través de láseres.

El uso de multiuniones en aplicaciones espaciales tuvo su origen en 1965, cuando se emplearon células de arseniuro de galio en los vehículos espaciales de las misiones soviéticas Venera 3 que alcanzaron la superficie de Venus. Realmente, eran células simples, pero fue el primer uso operacional de los materiales III-V. Décadas más adelante, las multiuniones de III-V proporcionaron energía a los robots de exploración MER (*Mars Exploration Rover*) Spirit y Opportunity de la NASA, que aterrizaron sobre la superficie de Marte en enero de 2004 y estuvieron activos hasta 2010 y 2018 respectivamente.

Años atrás se planteó el uso de multiuniones en **fotovoltaica de concentración** (CPV, *concentrated photovolaics*). Esta tecnología enfoca la radiación incidente mediante un sistema de lentes sobre un área reducida donde se encuentra el elemento fotogenerador. Esto permite incrementar la cantidad de luz que llega a los dispositivos y aumentar la potencia producida, requiriendo células de menor tamaño. En realidad, la CPV no es algo solo aplicable a células multiunión; puede emplearse también con silicio cristalino o uniones simples de otros materiales.

En un paralelismo con el uso del silicio amorfo en módulos comerciales, la CPV ha sido totalmente relegada por el módulo cristalino convencional. En este caso, los sistemas ópticos y de seguimiento suponen un elevado coste de capital inicial que, dados los precios de componentes actuales, resulta inasumible en comparación con las alternativas existentes. Personalmente, me aventuro a decir que el futuro de las células multiunión seguirá ligado a aplicaciones muy específicas como las ya mencionadas en la industria aeroespacial, más que a grandes sistemas de generación de electricidad.

Las células de película delgada

Las células de película delgada abarcan un gran número de combinaciones de materiales, y podemos definirlas como aquellos dispositivos cuyo espesor se encuentra en el rango de 1 a 4 micrómetros. Dada su delgadez, requieren menos cantidad de materia prima en comparación con el silicio cristalino y además podrían adaptarse a todo tipo de geometrías o superficies, resultando interesantes para aplicaciones como paneles curvos o flexibles.

El origen de esta tecnología puede fecharse en 1972, cuando el científico alemán Karl W. Böer fundó el Institute of Energy Conversion en la Universidad de Delaware, Estados Unidos. En esta institución se empieza a investigar con sulfuros de cobre y cadmio, creándose los primeros prototipos. Durante los años 80, estas tecnologías gozaron de gran interés, llegando a representar un tercio aproximadamente de la cuota mundial de fotovoltaica. Sin embargo, su peso se ha ido reduciendo hasta el 2,5 % en 2023 [18]. Solo en Estados Unidos se ha mantenido una fracción razonable del mercado de módulos de película delgada, suponiendo aproximadamente el 20 % de todos los instalados en el país.

Cuando hablábamos del silicio amorfo, realmente ya introdujimos las tecnologías de película delgada, pues existen multitud de tipos de estructuras novedosas que podrían encuadrarse dentro de este grupo de células. Necesitaríamos otro capítulo al menos para tratar estos dispositivos con mayor grado de detalle, pero en este libro desarrollaremos aquellos con un grado de madurez suficientemente alto para poder emplearse en dispositivos comerciales. Hablaremos de tres estructuras en concreto: el telururo de cadmio, (CdTe), las CIGS, y las perovskitas.

18.   Phillips, S. & Warmuth, W. Photovoltaics Report.
https://www.ise.fraunhofer.de/de/veroeffentlichungen/studien/photovoltaics-report.html (2023).

Materiales y fabricación de células: película delgada y multiuniones

Células de CdTe

Las células de CdTe son el segundo tipo de célula más usado del mundo a nivel comercial. Este material es empleado principalmente en los Estados Unidos, dado que el conocimiento sobre estos dispositivos se localiza principalmente allí y existe un evidente esfuerzo tanto de los centros de investigación como de la administración pública para preservar esta tecnología que podríamos definir *Made in USA*. Este tipo de células tiene un elevado grado de madurez, ya que tienen unos costes de producción similares al silicio monocristalino e incluso un menor impacto ambiental en su fabricación, de acuerdo con algunos estudios [19].

El uso de este material en fotovoltaica empezó a estudiarse en los años 50. En la década de los 60, varias empresas empezaron a involucrarse en la fabricación de dispositivos, tales como la japonesa Panasonic o una empresa estadounidense que les será familiar a los aficionados a la fotografía, Kodak. Desde entonces la eficiencia de los dispositivos ha ido creciendo, siguiendo una curva de aprendizaje casi paralela a la del silicio, posibilitando el desarrollo de compañías dedicadas a la fabricación y comercialización de módulos, y la instalación de grandes parques de generación como Topaz Solar Farm en California, Estados Unidos.

19. Wikoff, H. M., Reese, S. B. & Reese, M. O. Embodied energy and carbon from the manufacture of cadmium telluride and silicon photovoltaics. Joule 6, 1710–1725 (2022).

Su proceso de fabricación es similar a los dispositivos de silicio amorfo, partiendo de un substrato de vidrio sobre el cual se depositan los diferentes materiales que conforman su arquitectura. Las primeras capas están compuestas de óxidos transparentes conductores, que permiten el paso de la corriente eléctrica, sobre las cuales se añaden otras llamadas *buffer* que, sin entrar en muchos detalles, ayudan a mejorar el comportamiento eléctrico del conjunto. A continuación, tenemos, por supuesto, nuestra unión PN. Como material N se emplea una capa delgada de sulfuro de cadmio (CdS) y como P el componente principal, el CdTe. Las técnicas de deposición de estos semiconductores incluyen procesos de evaporación del material, procesos similares a los empleados en la fabricación de los contactos de plata en las células de silicio, o deposición a través de spray.

Una vez que la estructura está completamente acabada, se sumerge en una disolución de metanol y cloruro de cadmio para posteriormente alearse a una temperatura de 400 °C. Esta etapa asegura el buen contacto entre capas, reduciendo las pérdidas durante la fotoconversión. Finalmente, el contacto eléctrico posterior se fabrica depositando cobre.

En la ilustración de la página siguiente podemos observar la estructura típica de célula obtenida tras el proceso descrito. Esta imagen es un esquema de las capas de la célula y su ordenación, pero el grosor de cada capa no está a escala. A lo que me refiero es que el conjunto de los semiconductores y contactos eléctricos apenas supone unos pocos micrómetros del espesor total del dispositivo, mientras que el vidrio empleado como substrato tiene un grosor del orden de 1.000 micrómetros o 1 mm.

Materiales y fabricación de células: película delgada y multiuniones

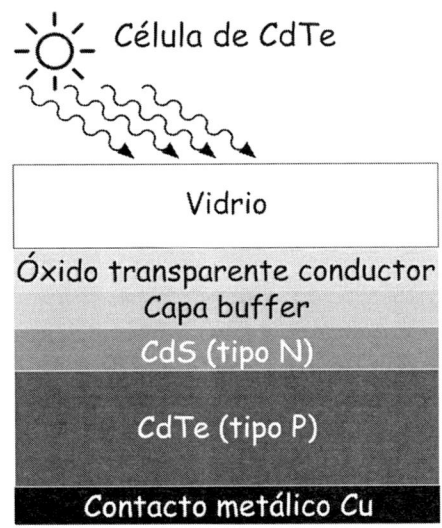

Las células de CdTe constituyen prácticamente la única alternativa comercial al silicio en lo referente a grandes instalaciones de generación. La mayoría de los parques solares que usan esta tecnología están en Estados Unidos. Sin embargo, existen dos obstáculos principales que han imposibilitado que el CdTe replicase el crecimiento exhibido por el silicio. El primero es su menor eficiencia, siendo el récord un 23,1 % alcanzado por la compañía estadounidense First Solar [20]. El segundo, y quizá más importante, es un problema de escalabilidad, ya que mientras el silicio es abundante en nuestro planeta, el teluro es uno de los elementos más difíciles de encontrar. Para que se hagan una idea de su escasez, la cantidad de teluro presente en la Tierra es comparable a la de platino, un metal precioso de muy alto valor.

Podríamos señalar un tercer inconveniente, pues, aunque el CdTe es un compuesto no tóxico, el cadmio por separado sí lo es. El cadmio es un metal pesado que, en caso de ingestión, se aloja principalmente en el hígado y los riñones, causando daños en sus tejidos. La contaminación con cadmio podría causar que este material fuese ingerido por los animales y acabar en el ser humano. Además, su eliminación del cuerpo es muy lenta, tendiendo a acumularse.

Dada su toxicidad, es importante tratar adecuadamente los módulos de CdTe al final de su vida útil, evitando que acaben en lugares no deseados donde el compuesto pueda deshacerse liberando el cadmio al ambiente. La contaminación con cadmio no solo puede deberse a una mala gestión de los módulos, sino también a las sustancias empleadas en la fabricación como el cloruro de cadmio, que es altamente soluble en el agua.

A pesar de los riesgos potenciales, debemos señalar que la recuperación y reciclaje de los módulos de CdTe es un aspecto bastante trabajado a fecha de hoy, garantizando que los dispositivos obsoletos no acaben en cualquier vertedero. El proceso de reciclado es parecido al de los módulos de silicio que veremos en un próximo capítulo. Consiste en desmontarlos para extraer partes como el cableado o los marcos de aluminio que protegen la estructura y triturar el resto de componentes para posteriormente recuperar los semiconductores, en especial el teluro, disolviendo los materiales en agentes químicos [21].

20.   Lewis, M. First Solar to build the Western Hemisphere's largest solar R&D center. Electrek https://electrek.co/2024/07/18/first-solar-to-build-the-western-hemispheres-largest-solar-rd-center/ (2024).
21.   Fthenakis, V. M. Life cycle impact analysis of cadmium in CdTe PV production. Renewable and Sustainable Energy Reviews 8, 303–334 (2004).

Materiales y fabricación de células: película delgada y multiuniones

En esta tecnología es necesaria la evolución de los procesos de reciclaje y la reducción de los costes asociados, tanto para evitar la generación de residuos con cadmio altamente tóxicos, como para mantener el escasísimo teluro dentro de la cadena de producción. Con el objetivo de abordar este problema, los grandes fabricantes como First Solar están implantando instalaciones para la recuperación, el reprocesado y reciclaje de los módulos de CdTe.

Células de CIGS

Las células de CIGS reciben su nombre de su componente principal, el diseleniuro de cobre, indio y galio (CIGS, Cobre, Indio, Galio, Selenio). Su estructura es muy parecida a las de CdTe tal y como hemos representado en la ilustración de la página siguiente, pero cambiando este último componente por el CIGS. También emplean el CdS como semiconductor tipo N. Una particularidad de esta estructura es que el contacto del CIGS se realiza con un metal no tan convencional, el molibdeno.

El récord de eficiencia de estas células es ligeramente superior al de "sus primas" de CdTe, alcanzando un 23,6 %[22]. Además, presentan la ventaja de reducir la cantidad de cadmio empleado en su estructura y no depender del teluro. Sin embargo, la tecnología de CIGS presenta un grado de madurez inferior a los thin film de CdTe, por lo que tienen un mayor coste de producción. Además, aunque no necesitan teluro, precisan de otros materiales poco abundantes como el indio y metales no tan habituales como el molibdeno, aunque este último se está tratando de sustituir por óxidos conductores.

---

22. Presentan una célula solar CIGS con una eficiencia récord mundial del 23,64%. pv magazine España https://www.pv-magazine.es/2024/03/07/presentan-una-celula-solar-cigs-con-una-eficiencia-record-mundial-del-2364/ (2024).

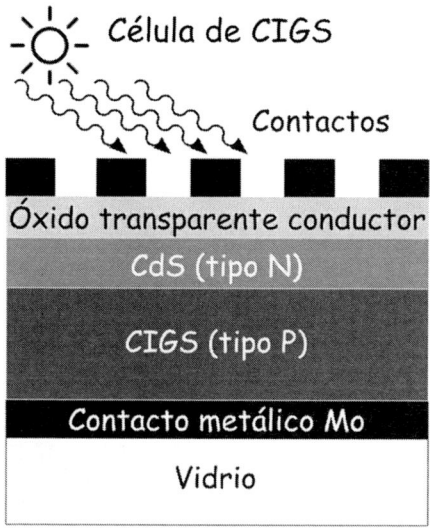

Al igual que en el CdTe, el origen de estas células se encuentra en los años 50, cuando comenzó a sintetizarse el semiconductor en laboratorios. Posteriormente, en la década de los 70, se propuso su uso en dispositivos fotovoltaicos. Algunos de estos primeros fabricantes fueron los Laboratorios Bell o la parte dedicada a fotovoltaica de la petrolera estadounidense Arco, adquirida posteriormente por BP. Estas organizaciones desarrollaron los primeros métodos de fabricación de estas células.

Las CIGS también se caracterizan por necesitar poco material para fabricar un dispositivo funcional, y la posibilidad de poder construirse sobre diferentes substratos, permitiendo su instalación sobre superficies irregulares, curvadas e incluso flexibles. Además, si las comparamos con el silicio cristalino, absorben mejor la irradiancia cuando la incidencia de los rayos de luz es muy inclinada, lo cual es ideal para aumentar la producción durante las primeras y las últimas horas del día en instalaciones de módulos fijos.

Materiales y fabricación de células: película delgada y multiuniones

Las células de CIGS presentan muchas similitudes con las de CdTe, pero a pesar de las ventajas mencionadas, se encuentran por detrás de estas últimas como opción preferida entre los thin film. Entre las razones que motivan esta preferencia encontramos su peor comportamiento a altas temperaturas, la peor respuesta en casos de baja irradiancia (por ejemplo en días nublados), o su mayor coste de fabricación [23]. Estos hechos explican por qué muchos de los fabricantes de módulos basados en esta tecnología desaparecieron en la década de 2010.

A pesar de la situación de estancamiento de las CIGS, no se ha abandonado la idea de su uso. Se sigue trabajando para hacer crecer su eficiencia, que podría incluso llegar a valores del 33 % según un estudio llevado a cabo por varios grupos de investigación presentes en Alemania [24]. Además, los módulos de CIGS podrían encontrar un nicho de aplicación en la fotovoltaica integrada en edificios. Un posible ejemplo sería el construir con CIGS estructuras semitransparentes para aprovechar el espacio disponible en las fachadas de grandes edificios.

23. What are CIGS Thin-Film Solar Panels? When to Use Them? Solar Magazine https://solarmagazine.com/solar-panels/cigs-thin-film-solar-panels/.
24. Thu. CIGS cells could hit efficiencies of 33%, say Germany scientists. pv magazine International https://www.pv-magazine.com/2020/10/09/cigs-cells-could-hit-efficiencies-of-33-say-germany-scientists/ (2020).

Las perovskitas

Por último, veremos una de las células solares de moda, especialmente en la última década, las perovskitas. Aunque estos materiales se conocen desde hace tiempo, fueron empleados por primera vez en células fotovoltaicas en 2009 [25]. A pesar de ser una tecnología joven, han alcanzado niveles de eficiencia notables, llegando al 26,7 %[26]. Existe un gran interés en estas células, tal que muchos grupos de investigación desarrollan líneas de trabajo relacionadas con ellas, en gran parte por la disponibilidad de materias primas, su elevado rendimiento y sus reducidos costes de fabricación. Además, gracias a sus procesos de producción, estas células podrían emplearse en dispositivos novedosos, como módulos solares flexibles o dispositivos semitransparentes.

La perovskita es en realidad un tipo de estructura cristalográfica presente en múltiples rocas de la naturaleza, descubierta en los Montes Urales a mediados del siglo XIX. Aquellas empleadas en fotovoltaica exhiben un carácter semiconductor y una aceptable absorción del espectro solar. El material más usado es el yoduro de metilamonio, que en el mundo de las perovskitas es conocido con un nombre más amigable, "**mapi**".

25. Kojima, A., Teshima, K., Shirai, Y. & Miyasaka, T. Organometal Halide Perovskites as Visible-Light Sensitizers for Photovoltaic Cells. J. Am. Chem. Soc. 131, 6050–6051 (2009).
26. USTC Set New Record in Perovskite Cell Efficiency-University of Science and Technology of China. https://en.ustc.edu.cn/info/1007/4676.htm.

Materiales y fabricación de células: película delgada y multiuniones

Estas células presentan la ventaja de poder fabricarse a partir del material fotoactivo diluido en una suspensión acuosa. Este líquido se deposita sobre un sustrato para posteriormente dejar que se evapore el solvente, ofreciendo la posibilidad de crear capas de material muy finitas sobre superficies de gran área sin consumir mucha energía durante el proceso. Sería un procedimiento muy parecido al típico experimento que quizá habrán hecho de niños en el colegio, en el que diluían sal en agua, vertían la mezcla sobre un plato, y al evaporarse el agua quedaban los cristalitos de sal.

Evidentemente, la deposición de la mapi es solo una parte del proceso de fabricación. Debemos añadir posteriormente otros materiales para terminar de construir el dispositivo, principalmente óxidos conductores transparentes y, por supuesto, los contactos eléctricos. En líneas generales, el proceso de fabricación es más rápido y económico que el de las células de silicio cristalino y otras tecnologías de célula, debido a su simplicidad porque no precisa de etapas a altas temperaturas.

No obstante, no todo son maravillas con las perovskitas, pues existen algunas barreras que impiden la comercialización de esta tecnología. La principal está relacionada con el propio material. La mapi y casi todas las demás formulaciones se degradan bajo la luz ultravioleta, reduciendo su eficiencia con el tiempo, de forma mucho más notable que el resto de tecnologías. Además, son higroscópicas, esto quiere decir que tienden a absorber la humedad ambiental alterando su estructura.

Este último hecho es aún más problemático teniendo en cuenta que la mayoría de perovskitas tienen plomo en su composición. El plomo es un material tóxico y si la perovskita se descompone por acción del agua, esto podría traducirse en la contaminación del agua con este metal. Para solucionar este problema, aparte de proteger las células de la humedad, se está trabajando en sustituir el plomo de la composición por otros elementos no tóxicos. Esto no es una tarea sencilla, porque es necesario mantener los niveles de eficiencia pese a eliminar ese elemento de la estructura.

Resumen

Hemos aprendido que la industria fotovoltaica no está solo la ligada al silicio cristalino. Aunque el número de aplicaciones es reducido en comparación con la tecnología dominante del mercado, existen tipos de células alternativas con características particulares empleadas en usos específicos. En lo relativo a dispositivos en instalaciones de generación a gran escala, como los parques fotovoltaicos, el CdTe es una alternativa real al silicio con un grado de madurez comparable, mientras que el resto de tecnologías, o bien se emplean en nichos muy concretos o aún deben mejorar sus prestaciones.

La expansión de la fotovoltaica unida a la aparición de nuevas ideas de integración dispositivos, ofrecen nuevas oportunidades de mercado no solo para las tecnologías mencionadas en este capítulo, sino también para nuevos conceptos de estructuras fotogeneradoras. Las células de película delgada ofrecen la posibilidad de generar electricidad sobre casi cualquier superficie y podrían ser clave en el desarrollo de la fotovoltaica flexible o semitransparente.

Las células multiunión ofrecen los mayores valores de eficiencia de la industria fotovoltaica, pero su elevado coste de fabricación limita su rango de aplicación a sectores muy específicos. No obstante, son una tecnología clave en el sector aeroespacial, para proporcionar energía a los satélites y sondas que viajan a través del espacio. También pueden ser vitales en el desarrollo de sistemas de transmisión de potencia inalámbricos a través de luz, empleándose como elementos receptores para transformar la energía del haz luminoso en electricidad, minimizando las pérdidas del proceso.

Materiales y fabricación de células: película delgada y multiuniones

Como pueden deducir, el futuro de la fotovoltaica aún no está escrito y se plantea como algo más que llenar el mundo de módulos de silicio. La clave reside en acercar los dispositivos generadores a los elementos que alimentan y el desarrollo de nuevas aplicaciones. Debemos ser pacientes, porque la implantación comercial es resultado de años de investigación y desarrollo que permiten a las nuevas ideas e inventos dar el salto del laboratorio a la sociedad.

Capítulo 7

De la célula solar al enchufe de casa

Las células solares están formadas mayoritariamente por una unión PN de semiconductores que genera potencia eléctrica gracias al efecto fotovoltaico. No obstante, estos dispositivos están constituidos de algo más que estos materiales, pues necesitamos elementos adicionales para incrementar la absorción de la radiación incidente y extraer la corriente generada. Además, una célula individual no proporciona la potencia suficiente para alimentar la mayoría de los aparatos eléctricos. Para este cometido, necesitamos múltiples dispositivos trabajando a la vez. Los módulos o paneles fotovoltaicos, instalados en plantas de generación o instalaciones de autoconsumo en las casas, están formados por un conjunto de células conectadas entre sí, incrementando de esta manera la cantidad de energía producida.

Sin embargo, no basta con disponer de los módulos, ya que necesitaremos de otros aparatos para completar una instalación. Los módulos fotovoltaicos generan electricidad en forma de corriente continua, pero la alimentación de nuestros enchufes no tiene las mismas características. Si conocen la diferencia entre corriente continua y alterna, la explicación que daremos en el presente capítulo quizá les parecerá trivial, pero siempre viene bien refrescar ideas. Explicaremos los tipos de corriente, por qué utilizamos la alterna en la red eléctrica para distribuir la energía a los hogares y cómo podemos obtenerla a partir de la continua suministrada por los módulos.

Por último, veremos cómo funcionan las baterías para almacenar los excedentes de producción y emplearlos cuando no dispongamos de recurso solar. También trataremos un aspecto especialmente relevante relativo a qué hacer con los módulos fotovoltaicos una vez ha finalizado su vida útil y sus procesos de reciclaje.

Las capas antirreflectantes y los contactos eléctricos

La estructura básica para generar energía fotovoltaica es la unión PN, encargada de suministrar corriente y voltaje, pero necesitamos algo más que semiconductores para construir un elemento fotogenerador eficiente. Destacamos dos componentes esenciales: la **capa antirreflectante y los contactos eléctricos** que ya introdujimos en un capítulo anterior al explicar la fabricación de las células de silicio, pero que ahora desarrollaremos un poquito más.

Seguro que alguno de ustedes usa gafas. Pues bien, las lentes que llevan en la montura poseen un recubrimiento antirreflectante de características similares a los empleados sobre las células. El objetivo de implementarlos es evitar la reflexión de la luz incidente sobre la lente. Cuando un haz luminoso llega a un material, parte se refleja, parte se transmite y parte se absorbe. La cantidad de luz reflejada depende de una propiedad física de los materiales denominada **índice de refracción**. Otra variable para tener en cuenta a la hora de calcular la fracción de luz reflejada es el medio por el cual esta se propaga antes de llegar a la superficie. Cuanto mayor es la diferencia entre el índice de este medio y el material, mayor es la reflexión. Naturalmente, en el caso de las células fotovoltaicas y el de las gafas, el medio de propagación de la radiación solar es el aire.

Los semiconductores poseen valores altos de índice de refracción, mientras que el del aire es igual a uno, lo cual implica que un dispositivo desnudo sin ningún tipo de recubrimiento no absorberá la radiación incidente eficientemente. Esto supone un inconveniente nada despreciable, puesto que al diseñar células fotovoltaicas se busca todo lo contrario. Para solucionar este problema, las células se recubren con una capa de material transparente con un índice de refracción intermedio entre el del aire y el semiconductor. Las características físicas y el espesor del recubrimiento antirreflectante permiten acoplar la radiación incidente reduciendo la reflexión.

Además de nuestra capa antirreflectante, la superficie de los semiconductores no suele ser perfectamente plana, sino que está texturizada, como explicamos en el procesado de las obleas de silicio. Por texturizado nos referimos a la obtención de una morfología rugosa no apreciable a simple vista, pero sí con un microscopio. Esta rugosidad ayuda a "atrapar" la mayor cantidad de luz posible, ya que el relieve favorece múltiples reflexiones del haz incidente entre las irregularidades superficiales, tal y como representamos en la siguiente ilustración.

Texturizado

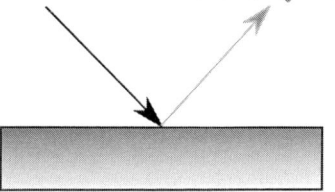

Haz incidente Haz reflejado   Haz incidente Haz reflejado

Sin texturizado
Los rayos se reflejan
directamente

Con texturizado
Los rayos se reflejan
varias veces en el relieve

Aparte de la capa antirreflectante, otro elemento de vital importancia son los contactos eléctricos. Estos cumplen la función de extraer las cargas generadas al iluminar la célula solar. Los contactos consisten en la unión entre los semiconductores y un metal u óxido conductor. Mientras que los metales no presentan apenas problemas para conducir la electricidad entre ellos, los semiconductores tienen un comportamiento más especial, no siendo posible realizar cualquier combinación metal-semiconductor para obtener un resultado óptimo. La elección del material adecuado obedece a un criterio de compatibilidad con el semiconductor de la célula.

Por ejemplo, en los dispositivos basados en silicio monocristalino, se usan dos metales distintos. Para la parte superior, donde está el material N, la plata, y por el lado inverso, donde está el P, el aluminio. Han leído bien, plata, necesitamos un metal bastante caro para los contactos, aunque en cantidades no muy altas. El uso de este metal precioso en células de silicio es objeto de debate y estudio porque su disponibilidad podría poner en riesgo las cadenas de suministro y encarecer la fabricación. Actualmente, se trabaja no solo en poder usar otros metales para los contactos, sino también en cómo recuperar la plata al final de la vida útil de los módulos fotovoltaicos.

Si observamos una célula de silicio en detalle, esta tiene un aspecto parecido al representado en la ilustración (imagen de la derecha) de la página siguiente. Encontraremos una especie de "parrilla" sobre la superficie formada por un conjunto de hilos metálicos, denominados "dedos", que funcionan como contactos unidos a un hilo más grueso, el bus colector, encargado de recoger la corriente generada en toda la superficie. Esta malla está optimizada para reducir la resistencia eléctrica asociada a los contactos y ocupar la menor cantidad posible de área. El diseño de los contactos debe garantizar un balance, pues a mayor número de dedos, se extrae mejor la corriente, pero al mismo tiempo se cubre más superficie, reduciendo la cantidad de luz absorbida por los semiconductores.

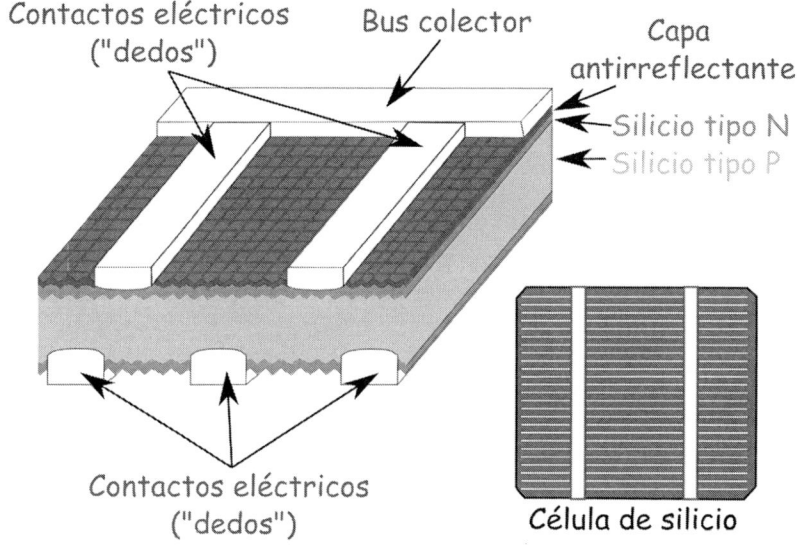

Célula de silicio

La conexión entre las células

Cuando vimos las características de la curva intensidad-voltaje de la célula solar individual, explicamos que de dicha curva extraíamos la corriente de cortocircuito y el voltaje de circuito abierto. El valor de ambos depende de la cantidad de luz incidente sobre la célula. Para obtener potencia eléctrica, definíamos un punto de trabajo en el cual el dispositivo proporciona una cantidad de corriente y un voltaje de salida.

De la célula solar al enchufe de casa

Para los razonamientos numéricos desarrollados en este capítulo, tomaremos como referencia la célula solar de silicio monocristalino, cuyo voltaje de circuito abierto es aproximadamente 0,65 V y su densidad de corriente de cortocircuito es 35 mA/cm^2, cuando está iluminada directamente por la radiación solar con una densidad de potencia de iluminación de 1.000 W/m^2.

La tensión de circuito abierto de una célula es pequeña en relación con los voltajes demandados por los aparatos electrónicos. Solo en los enchufes de los hogares españoles y de otros muchos países el voltaje proporcionado es de 230 V. Para suministrar mayores valores de voltaje se conectan varias células. Esta conexión puede realizarse en **serie** o en **paralelo**. En la ilustración de la página siguiente representamos ambos esquemas de conexionado y la curva intensidad-voltaje de cada montaje.

Seguramente tengan un aparato, un mando de televisión, por ejemplo, que funcione a pilas y necesite más de una. Esto se debe a que el voltaje demandado por el aparato es superior al de una pila individual, por lo que se colocan varias de ellas para suministrar un valor proporcional al número de pilas conectadas. En este caso hemos realizado una conexión en serie y esta misma práctica puede realizarse con las células solares. Sin embargo, al emplear esta configuración, la corriente que circula a través de cada una debe ser la misma. En la curva *I-V* del montaje en serie, la curva discontinua tiene un voltaje superior pero misma corriente generada que la curva de línea continua.

Si en vez de conectar las células una detrás de otra, cogemos un cable, lo dividimos en dos y conectamos cada rama a un elemento individual, tendremos una conexión en paralelo. En este caso, la corriente de salida del montaje es igual a la suma de las corrientes generadas por cada célula. El inconveniente de este caso es que el voltaje proporcionado está limitado por el de aquella célula que tenga un voltaje menor. En la curva *I-V* del montaje en paralelo, la curva discontinua tiene más corriente pero el mismo voltaje que la curva de línea sólida.

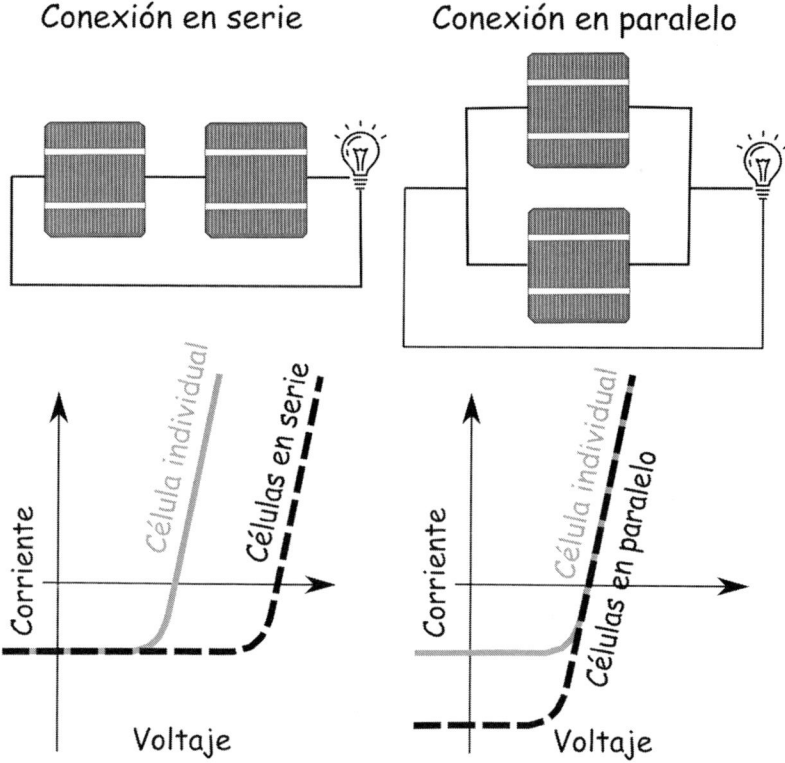

Jugando con el conexionado en serie y paralelo, podemos proporcionar un conjunto de valores de corriente y voltaje lo suficientemente altos para alimentar aparatos electrónicos. Un módulo de silicio convencional contiene 72 células conectadas en serie, cuyo tamaño es de unos 245,7 cm^2 cada una. Por tanto, para este caso en concreto, la corriente de cortocircuito del conjunto 245,7 cm^2 x 0,035 A/cm^2 = 8,6 A, y el voltaje de circuito abierto es 72 x 0,65 V = 46,8 V. La corriente es obtenible fabricando la célula lo suficientemente grande para aumentar el área fotogeneradora, pero el voltaje solo podemos alcanzarlo a base de conectar muchas células en serie.

¿Cuánta energía proporciona este módulo de 72 células cuando está iluminado? La respuesta está de nuevo en su curva *I-V*. La forma de la curva *I-V* de un módulo es muy similar a la de una célula individual, solo que con unos valores de corriente y voltaje distintos. Debemos encontrar el punto de máxima potencia que estará para un voltaje ligeramente inferior a los 46,8 V, en este caso en 37,6 V, en el cual la corriente es también algo menor a la calculada en el otro párrafo, 8,2 A. Multiplicando voltaje y corriente del punto de máxima potencia obtenemos el valor de 308,3 W. Si esto les parece mucho o poco, para que se hagan una idea, la potencia eléctrica contratada en un hogar oscila de media entre 3.400 y 4.500 W, es decir, el equivalente a entre 11 y 15 módulos fotovoltaicos como el del caso analizado.

La estructura del módulo

Alguna vez habrán visto un módulo fotovoltaico, pero ¿se han preguntado de qué está hecho? A estas alturas su respuesta imagino que será, "probablemente silicio", pero realmente el semiconductor es tan solo uno de los componentes del conjunto. Cuando veíamos la estructura de la célula fotovoltaica, también encontrábamos los contactos metálicos de plata y aluminio y la capa antirreflectante. Luego hemos visto que necesitábamos conectar cada célula para unirlas dentro del módulo. Sin embargo, todos estos componentes no pueden dejarse a la intemperie, a merced de las inclemencias meteorológicas. Debemos proporcionarles una estructura para alojarlos y aislarlos de los agentes externos.

Para proteger los elementos eléctricamente activos del módulo, las células y sus conexiones se encapsulan aislándolas del exterior. Con este fin, se deposita una capa muy fina de un polímero transparente de nombre femenino, EVA. EVA viene de etil-vinil acetato, fórmula molecular del polímero, y empleando dos láminas de unos 0,45 mm de espesor a cada lado, conseguimos encapsular los elementos. Este proceso sería algo parecido a cuando forrábamos los libros del colegio para que no se estropeasen.

Para lograr un encapsulado efectivo, se requiere un paso adicional llamado **laminación**. Durante la laminación se incorpora a la estructura con EVA, un vidrio de unos 3,2 mm de espesor y un soporte trasero. Estos materiales se unen a las células encapsuladas mediante la aplicación de calor, obteniendo como resultado una estructura totalmente compacta. Finalmente, se añade un marco protector de aluminio alrededor del módulo que además facilita su manejo y protege el vidrio de posibles impactos. En la ilustración de la página siguiente podemos observar un esquema de la estructura del módulo de silicio, identificando cada una de sus capas.

Estructura de un módulo de silicio

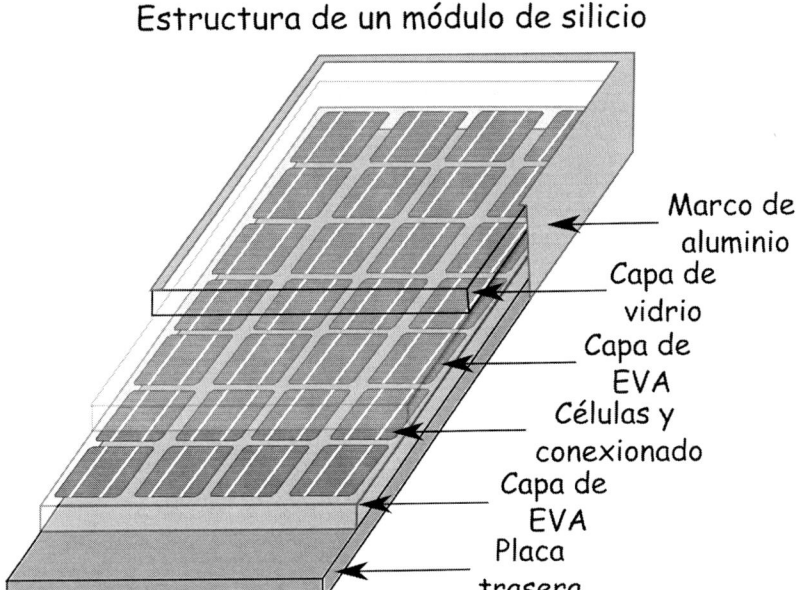

Marco de aluminio

Capa de vidrio

Capa de EVA

Células y conexionado

Capa de EVA

Placa trasera

Corriente continua y corriente alterna

¿Sabían que existen dos tipos de corriente eléctrica? ¿Cómo que dos tipos de corriente? ¿Acaso la corriente eléctrica no es simplemente el movimiento de electrones entre dos puntos con diferente voltaje? Este concepto es un aspecto relevante, pues cuando explicamos la célula y el módulo fotovoltaico, la corriente eléctrica proporcionada por estos elementos es de tipo continuo. Sin embargo, la corriente de nuestros enchufes de casa proveniente de la red eléctrica es de tipo alterno. ¿Qué diferencia existe entre una y otra?

Para responder a esta cuestión, cogeremos la máquina del tiempo y viajaremos a finales del siglo XIX.

En esta época encontramos en Estados Unidos a dos personas brillantes. Por un lado, el estadounidense Thomas Edison y, por el otro, el croata Nikola Tesla. Nos encontramos en un momento clave de la historia, marcado por los grandes avances científicos y la segunda revolución industrial, en el que empieza a plantearse el uso de la electricidad para alimentar las máquinas de las fábricas y proporcionar iluminación a los hogares. Para cumplir dicho cometido, se propusieron dos alternativas para transportar la corriente desde los puntos de generación a los de consumo: la corriente continua defendida por Edison y la alterna defendida por Tesla.

Cuando hablamos de corriente continua podemos imaginar un arroyo con agua, solo que, en vez de agua, lleva electrones desplazándose desde un punto más alto (mayor voltaje) a otro más bajo (menor voltaje), es decir, la corriente siempre tiene la misma dirección de propagación y es constante en el tiempo. El caso de la alterna es más enrevesado, ya que se propaga en una dirección, pero cambiando su sentido periódicamente. Sería algo parecido a un metrónomo, que se mueve de izquierda a derecha repetidamente. Si midiésemos la cantidad de corriente alterna que pasa por un punto fijo de un circuito a lo largo del tiempo, podríamos representarla como una onda, puesto que modifica su amperaje, o cantidad de corriente, y sentido a lo largo del tiempo. Como dato didáctico, la red eléctrica de España, la de los países europeos o la gran mayoría de los asiáticos trabaja con una corriente alterna de 50 Hz, es decir, que presenta 50 oscilaciones por segundo.

Volviendo a los Estados Unidos de finales del XIX, Tesla y Edison se enfrentaron en la llamada "Guerra de las corrientes" por demostrar que sus respectivas propuestas eran las ideales para desarrollar la red eléctrica del país. La batalla fue encarnizada, hasta el punto de realizar prácticas terribles, buscando demostrar que la propuesta del rival entrañaba un peligro para la seguridad pública. Incluso el propio Edison llegó a electrocutar a un elefante para demostrar los peligros de la corriente alterna [27]. Sin embargo, el enfrentamiento entre Tesla y Edison se saldó con victoria para el croata y también para la compañía Westinghouse Electric, para la cual trabajaba. Prueba de ello es que hoy tenemos corriente alterna en los enchufes de nuestros hogares.

La razón por la cual se impuso la alterna reside en que su carácter oscilatorio permite transformar las características de la corriente, mientras que la corriente continua no puede transformarse. Los transformadores son unas máquinas eléctricas que pueden elevar el voltaje y reducir el amperaje de una corriente eléctrica y viceversa. Esto es importantísimo, porque permiten distribuir la electricidad a través de las líneas de alta tensión de 400.000 V.

Para que la electricidad llegue de una central eléctrica a una casa, un transformador cercano a la central transforma la corriente generada en una corriente de alta tensión. Esta se distribuye por redes de alta tensión y llega a los núcleos de población. En este punto, la electricidad pasa por subestaciones donde se reduce el voltaje a niveles intermedios para la distribución. Finalmente, otros transformadores disminuyen el voltaje hasta los 230 V que tenemos en casa y la corriente se distribuye por redes de baja tensión.

¿Por qué incrementamos y reducimos el voltaje? Seguro que se habrán dado cuenta de que los aparatos eléctricos se calientan un poquito cuando están en funcionamiento. Esto se debe a que el paso de la corriente no es un flujo perfecto; existen pérdidas debido a la resistencia ofrecida por los materiales que causan generación de calor. Este fenómeno, llamado en física **Efecto Joule,** es proporcional a la cantidad de corriente que circula por el aparato. Como la corriente alterna permite usar voltajes muy elevados, pero corrientes de muy pocos amperios, las pérdidas en el sistema de distribución son mínimas, garantizando que la potencia transmitida sea suficiente.

La corriente continua de Edison no podía solucionar el problema de la distribución, porque el amperaje no podía modificarse sin reducir la transmisión de potencia y de esta forma resultaba difícil llegar a largas distancias. Esto no significa que hoy en día no empleemos la corriente continua. Muchos de nuestros aparatos que funcionan con pilas o baterías la usan y funcionan a la perfección, e incluso se usa en líneas de transmisión de electricidad entre islas. En estos casos, la fuente de alimentación y la carga alimentada se encuentran próximas entre sí para evitar pérdidas de transporte.

Transformando corriente continua en alterna

Ahora que sabemos que la corriente continua de los módulos no puede suministrarse directamente a la red eléctrica, ¿cómo pueden los parques fotovoltaicos proporcionar energía útil? Es necesario emplear un aparato para transformar la corriente de salida de los elementos fotogeneradores en alterna. Este artilugio se llama **inversor.** Fíjense en la ilustración de la página siguiente. Si representamos el amperaje de una corriente continua en función del tiempo, obtendremos la línea recta de color gris en la gráfica superior, es decir, un valor constante a lo largo del tiempo. Si hacemos lo propio con una corriente alterna, observamos cómo el valor de la corriente varía entre un máximo y un mínimo a lo largo del tiempo, llegando incluso a ser negativo, lo que implicaría que la corriente fuese en sentido opuesto.

---

27. Jan. 4, 1903: Edison Fries an Elephant to Prove His Point | WIRED. https://www.wired.com/2008/01/dayintech-0104/.

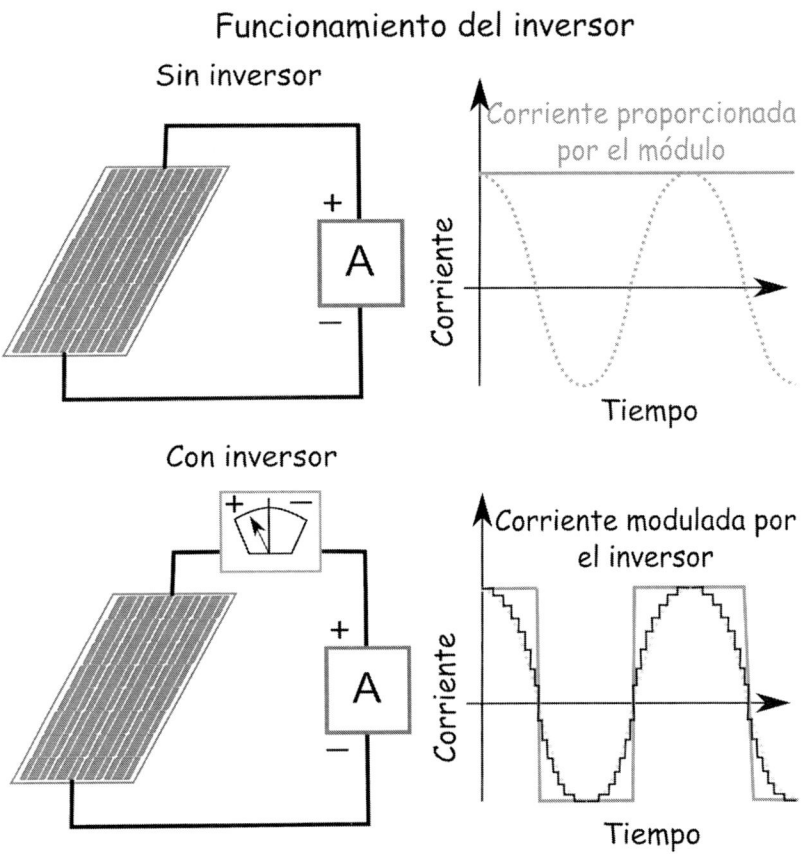

Funcionamiento del inversor

Sin inversor

Con inversor

Ahora imagínense que tenemos un aparato que conecta el elemento generador de corriente continua en una dirección e invierte la conexión cada cierto tiempo. Esto se traduce en un cambio de polaridad cada vez que actúa el aparato. El resultado de esta acción es una corriente en forma de una onda cuadrada como la curva gris de la gráfica inferior en la ilustración, pero que en este caso tiene la misma frecuencia de oscilación que la corriente alterna.

La electrónica interna del inversor permite realizar una conversión más compleja que simplemente cambiando la polarización. El resultado final del paso de la corriente por este aparato es la obtención de la onda a escaloncitos de color negro en la ilustración de la página anterior que sí se asemeja a la onda de corriente alterna deseada. El inversor es, por tanto, un elemento indispensable para las instalaciones fotovoltaicas conectadas a la red eléctrica y para nuestras instalaciones de autoconsumo.

Quizá se pregunten acerca del rendimiento de este proceso de transformación, y en efecto, las leyes de la termodinámica son inquebrantables y esta conversión implicará unas pérdidas. No obstante, estas son bajas, ya que se alcanzan unas eficiencias de en torno al 92 %.

Añadiendo baterías

Una instalación fotovoltaica genera energía cuando los módulos están iluminados. Esto implica que, en una instalación de autoconsumo, tengamos situaciones donde haya producción, pero no demanda, y la situación opuesta. La electricidad debe consumirse según se genera porque no podemos almacenarla como tal. A lo que me refiero es que la electricidad son cargas en movimiento y dichas cargas no pueden detenerse y almacenarse como si fuesen granos de un cereal, por poner un ejemplo. Para almacenar energía eléctrica es necesario transformarla y esto es posible gracias a las baterías.

Las baterías eléctricas funcionan a través de una reacción electroquímica de carácter reversible. Antes de continuar, definamos estos dos conceptos. Una reacción electroquímica es un proceso de transformación de moléculas en el cual intervienen cargas eléctricas. Las pilas alcalinas que usamos en muchos aparatos funcionan por reacciones de este tipo. Como en la reacción hay una corriente y un voltaje, podemos extraer potencia. Una reacción reversible es aquella que, pese a ocurrir en una dirección, puede desarrollarse en sentido inverso, volviendo al estado inicial.

Para explicar el funcionamiento de una batería, tomaremos como ejemplo un tipo muy común: las de tipo ion-litio. Al igual que en una pila, disponemos de un polo positivo o cátodo y un polo negativo o ánodo. El ánodo está formado por grafito que contiene átomos de litio embebidos en su estructura. El cátodo está formado por un óxido metálico que tiene litio en su composición. Entre los dos polos se encuentra lo que llamamos electrolito, un medio conductor de la electricidad formado por una sal de litio y un disolvente. Entre los terminales de la batería existe una diferencia de voltaje asociada a las características químicas de los materiales de los polos, pero no se produce ninguna reacción porque los electrones no encuentran la forma de desplazarse de ánodo a cátodo.

Al conectar la batería en un circuito, se establece un puente para el flujo de electrones y comienza la reacción electroquímica. En el ánodo, el litio presente en el grafito se disuelve en el electrolito, formando un catión y cediendo un electrón. Este electrón viaja por el cable de conexión hasta llegar al cátodo donde el óxido metálico recoge los cationes de litio que se mueven a través del electrolito y los electrones del circuito, formando un compuesto entre el óxido y el litio. Esta situación sería la batería descargándose, y llegará un momento en el que no quede litio en el ánodo y esté todo en el cátodo, lo que implica que la batería esté totalmente descargada. En la ilustración de la página siguiente hemos representado el esquema de una batería de litio descargándose para alimentar una bombilla.

Batería de ion litio

Ánodo de grafito   Electrolito   Cátodo de óxido de litio-cobalto

Gracias a la reversibilidad del proceso, si hacemos pasar la corriente proveniente de nuestra instalación fotovoltaica en la dirección contraria a la de descarga, conseguimos que el litio realice el camino contrario, es decir, pase del óxido al grafito. De esta forma, recargamos la batería devolviendo los átomos al ánodo. Cuando nuestra instalación no esté demandando electricidad, podremos almacenarla en forma de energía electroquímica en la batería para utilizarla posteriormente, por ejemplo, durante la noche o en días nublados.

Los sistemas fotovoltaicos con baterías acopladas necesitan de unos aparatos auxiliares llamados reguladores de carga. Estos elementos controlan los flujos de corriente entre los módulos generadores, la batería y el inversor, asegurando un funcionamiento correcto y un mantenimiento óptimo de cada elemento. Su función es evitar la llegada de picos excesivos de corriente a la batería causados por la variación de las condiciones de iluminación, prevenir sobrecargas, controlar el ritmo de descarga y evitar que lo hagan totalmente.

El reciclaje de los módulos fotovoltaicos

La energía solar fotovoltaica es una fuente de electricidad limpia sin emisiones de gases contaminantes durante el proceso de generación de energía. Los módulos están diseñados para funcionar durante al menos un periodo de 25 a 30 años, por lo que una de las cuestiones a las que nos enfrentamos es qué hacer con toda esa cantidad de paneles instalados actualmente cuando deban sustituirse. De momento este problema no ha sido tan relevante, porque hoy en día solo se desmontan aquellas primeras instalaciones ejecutadas en los años 90 e inicio de los 2000, pero en 30 años habrá que hacer frente a la basta cantidad de módulos que se están colocando hoy día.

Los módulos desechados se someten a un proceso de separación manual donde se recupera principalmente el marco de aluminio externo y el cableado de conexión a la instalación. La estructura restante se tritura obteniendo una mezcla de múltiples materiales troceados de poca utilidad y que es tratada como un residuo sólido. Evidentemente, este procedimiento no es ni de lejos el óptimo desde el punto de vista ambiental, por lo que necesitamos alternativas para recuperar más materiales.

Los módulos de silicio están diseñados para ser unas estructuras robustas y compactas. Esto que es algo positivo para tener un producto duradero y de calidad, tiene la contraprestación de dificultar la separación de sus componentes en el reciclaje. Uno de los procesos más avanzados en este ámbito es el FRELP o *Full Recovery End of Life Photovoltaic*, diseñado para recuperar más del 90 % de los materiales principales del módulo [28,29].

Este procedimiento está en una fase preliminar realizándose a pequeña escala, no existiendo hoy en día un proceso comercial aplicado a nivel industrial. No obstante, es una de las propuestas con más probabilidades para desarrollarse a gran escala. Explicaremos cada una de sus etapas en esta sección, tomando como referencia el informe para la Comisión Europea *Analysis of Material Recovery from Silicon Photovoltaic Panels* [29], cuyo esquema resumido podemos observar en la ilustración de la página 147. En el esquema representamos en cuadros de color negro los recursos necesarios para cada paso definido en un cuadro blanco. En el caso de la electricidad demandada, pueden distinguirse flechas de distinto grosor con el objetivo de indicar qué procesos consumen mayor cantidad. A mayor grosor de la línea, mayor consumo. Los productos de cada proceso aparecen simplemente nombrados sin ningún recuadro.

Este proceso de reciclaje posibilita recuperar grandes cantidades de material. Por ejemplo, de 1.000 kg de módulos se obtienen 686 kg de vidrio, 180 kg de aluminio y unos 35 kg de silicio. Hay que tener en cuenta que, aunque no lo parezca, la parte electrónicamente activa de los módulos fotovoltaicos es una fracción pequeña en peso de toda la estructura.

28.   Heath, G. A. et al. Research and development priorities for silicon photovoltaic module recycling to support a circular economy. Nat Energy 5, 502–510 (2020).
29.   Joint Research Centre (European Commission) et al. Analysis of Material Recovery from Photovoltaic Panels. (Publications Office of the European Union, 2016).

Analicemos cada una de las etapas del reciclado de módulos de silicio. En el esquema de la página siguiente hemos añadido un número en cada cuadro, identificando a qué etapa de las descritas corresponde cada proceso.

1. Primero se separa el marco de aluminio y los cables externos de las conexiones del módulo. El plástico que recubre los conectores es incinerado, quedando solo el metal, alcanzándose una tasa de recuperación de materiales de entre el 94 y el 99 %.

2. Se separa el vidrio de la estructura, introduciendo el conjunto en el interior de un horno. Tras este paso se dividen aquellos fragmentos limpios de los contaminados con polímeros. El producto de reciclado puede destinarse al procesado de nuevos vidrios y la tasa de recuperación es del 98 %.

3. Lo restante del módulo se corta en trozos de pequeño tamaño y se incinera para eliminar los restos de materiales poliméricos. Es posible recuperar algunas partículas de aluminio provenientes de las conexiones de las células. Esto se logra mediante el tamizado de las cenizas provenientes de la incineración.

4. El resto de cenizas se disuelve con una solución de ácido nítrico y agua para realizar un proceso de **lixiviación.** La lixiviación consiste en disolver una mezcla de sólidos en un químico para facilitar su separación. La disolución se somete una posterior etapa de filtrado en la que se aísla el silicio del resto de metales. Este silicio puede usarse con la calidad de grado metalúrgico, pero no de semiconductor, por lo que habría que purificarlo para poder usarlo en nuevas células.

5. Lo restante de disolución se somete a un proceso de electrólisis donde se emplea una corriente eléctrica para producir una reacción química, recuperando parte del cobre y de la plata con una tasa de retorno del 95 %.

6. Finalmente, el líquido restante se neutraliza mezclándolo con hidróxido de calcio y agua, para ser filtrado y separar una corriente de material sólido y otra de líquido de desechos.

Esquema del proceso de reciclaje FRELP

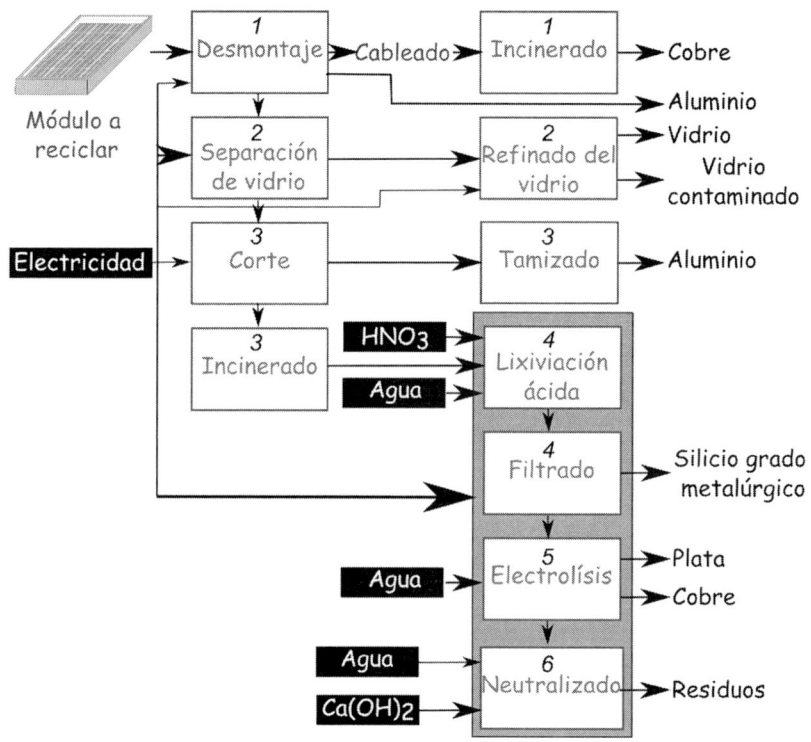

Como ven, el reciclado de módulos parece tener definidos cada uno de sus pasos y promete una alta tasa de retorno de materiales. Sin embargo, su aplicabilidad comercial debe superar una serie de barreras. Para empezar, varios de los pasos como la separación del vidrio o la electrólisis involucran un considerable consumo de energía eléctrica. También es necesario el manejo de químicos y demás sustancias que implican riesgos asociados. Y por supuesto, existen contaminantes derivados de cada etapa que deben tratarse. Aunque puede aprovecharse el calor de la incineración en las etapas a altas temperaturas, estos procesos generan corrientes de gases contaminantes de desecho. Estos hechos dificultan la viabilidad del reciclaje, provocando que desde el punto de vista económico y ambiental aparentemente sea mejor el actual tratamiento de desmontaje y triturado, donde solo se recupera el vidrio y el aluminio, desechando el resto de componentes.

Evidentemente, el vertedero tampoco es una solución aceptable y los estudios apuntan a que el impacto de los procesos de reciclaje puede ser mitigado por el ahorro de materiales en la producción. Personalmente, creo que el reciclaje de los módulos será una realidad en un futuro no muy lejano. Debemos considerar que estos procesos son relativamente nuevos, simplemente porque no nos hemos planteado el problema hasta hace unos pocos años. Además, del reciclado pueden extraerse materiales de alto valor como la plata y es altamente probable que llegue el punto donde sea más rentable usar materiales recuperados que nuevas materias primas.

Podemos señalar también el posible desarrollo de nuevos métodos orientados a recuperar el silicio de las células manteniendo el grado de calidad semiconductor. Esto sería un paso de gigante, pues ayudaría enormemente a reducir el impacto ambiental de la fabricación de células al ahorrarse los procesos de purificación del silicio.

Resumen

Las células fotovoltaicas incorporan elementos adicionales al propio semiconductor, como las capas antirreflectantes y los contactos eléctricos. Además, los módulos fotovoltaicos están formados por múltiples componentes fotogeneradores conectados en serie, proporcionando un voltaje proporcional al número de dispositivos ligados. Esto permite suministrar la potencia necesaria para alimentar la mayoría de los aparatos eléctricos.

Los módulos no solo son las células, sus contactos y sus conexiones. El conjunto está formado por una estructura que encapsula la parte eléctricamente activa con un polímero aislante (EVA) y un vidrio. A través del proceso de laminación se obtiene un bloque compacto que protege las células de los agentes meteorológicos externos y facilita su manipulación.

Hemos explicado la diferencia entre corriente alterna y continua, y también por qué necesitamos del inversor para transformar la corriente proporcionada por los módulos en una de iguales características a la de los enchufes de casa. Hemos aprendido cómo funciona una batería y cómo aprovechar los excedentes de energía generada a través de su uso. A estas alturas ya sabemos cómo funcionan todos los elementos básicos de un sistema fotovoltaico.

Por último, hemos analizado el tratamiento de los módulos fotovoltaicos de silicio cuando no pueden seguir funcionando. Aunque hoy en día no exista un proceso comercial para este propósito, la hoja de ruta está definida y se han realizado las primeras demostraciones a pequeña escala. El reciclaje se enfrenta al reto de emplear procesos más ecológicos y rentables, así como a mejorar la calidad de los materiales recuperados. La meta final es establecer un sistema de producción circular donde se desperdicie la menor cantidad posible de recursos.

Capítulo 8

Las buenas prácticas en las instalaciones fotovoltaicas

Hoy en día es frecuente encontrar módulos fotovoltaicos por todos lados. Los vemos en los tejados de las casas, las naves industriales, los edificios públicos, las marquesinas del transporte público e incluso sobre parquímetros o papeleras. En un país como España tenemos muchas horas de luz y abundante recurso solar, por lo que resulta tentador disponer de una gran cantidad de módulos para maximizar la producción de energía. Sin embargo, no es tan sencillo como parece, no podemos simplemente cubrir cualquier superficie con paneles fotovoltaicos y esperar tener una instalación funcional con un buen rendimiento.

No sé si se habrán preguntado alguna vez, ¿por qué no instalar fotovoltaica en el desierto del Sahara, donde tenemos muchísimas horas de sol? Pues se presentan dos problemas: el primero es que las altas temperaturas afectan negativamente al rendimiento de los módulos, y el segundo, que las tormentas de arena cubrirían frecuentemente sus superficies, bloqueando la incidencia de la luz solar y su conversión en electricidad. Hemos introducido dos factores importantes a considerar: temperatura y sombreado, que desarrollaremos más adelante.

Como en todos los proyectos que se realizan en la vida, desde un trabajo de clase de chavales de instituto, hasta aquellos con millones de euros de inversión (y especialmente en estos), una adecuada planificación de qué hacer y cómo es necesaria. Si queremos sacarle el máximo partido a una instalación fotovoltaica debemos de cuidar el diseño previo para evitar sobredimensionamientos innecesarios o quedarnos cortos.

En este capítulo presentaré una serie de directrices que considero recomendables para que las instalaciones fotovoltaicas funcionen óptimamente y cómo el funcionamiento de los módulos puede verse afectado por factores externos. Si algún día se plantean tener una instalación de autoconsumo, espero que estas próximas líneas les ayuden a tomar decisiones al respecto.

¿Cuántos paneles fotovoltaicos necesito para tener mi propia electricidad gratis?

Esta pregunta me la habrán hecho miles de veces, es típica en las cenas de Navidad con la familia. La respuesta que doy no suele gustar porque no puedo proporcionarla mientras pelo una gamba, o peor aún, aparece algún familiar que de todo sabe, pero de nada entiende para dar una "masterclass" al respecto. La razón es que no basta con un simple número mágico aplicable para todos los casos, y eso de tener electricidad gratis es algo complicado.

El hecho de disponer de una instalación fotovoltaica no le permitirá dejar depender de la red eléctrica, a no ser que sea una instalación desconectada de la red de distribución, por ejemplo, en una casa de campo fuera del casco urbano, pero eso es otro tema. En España, e imagino que en otros países será similar, por el simple hecho de estar conectado a la red, debe pagar unos costes asociados a la cantidad de potencia contratada. Si tiene una instalación fotovoltaica lo que se ahorrará es lo pagado por cantidad de energía consumida, no solo porque va a autoabastecerse, sino porque en ciertos casos, dependiendo de su compañía eléctrica, podrá recibir una compensación económica por los excedentes de producción que suministre a la red eléctrica. Pero, aunque consuma más o menos, acabará pagando por la potencia contratada, los impuestos asociados y otros conceptos tales como peajes de acceso o el alquiler del contador.

Volviendo al número de módulos que necesitaríamos, por ejemplo, en nuestra casa, debemos analizar nuestro perfil de consumo. Según el informe Consumos del Sector Residencial en España, publicado por IDAE (Instituto para la Diversificación y Ahorro de la Energía), el consumo medio de electricidad por hogar en España es de 9,55 kWh por día [3], y la potencia contratada oscila entre 3,45 y 4,6 kW. Vuelvo a recalcar la importancia de distinguir entre la potencia, que es la demanda instantánea, y la energía, que es la demanda aplicada durante un periodo de tiempo.

Por ejemplo, para una instalación de autoconsumo de 1 kW de potencia, si tenemos el horno, las luces, la bomba de calor y casi todo encendido, nuestra instalación no podrá proporcionar la energía suficiente para alimentar todos los aparatos a la vez, siendo necesario tomar energía de la red, de ahí la dificultad de tener una instalación completamente aislada a no ser que sea suficientemente grande. No obstante, si esa instalación de 1 kW está bien colocada, permite generar una cantidad de energía adecuada y guardar el excedente en una batería, puede llegar a cubrir una buena parte de la demanda eléctrica del hogar sin apenas recurrir a la red eléctrica. Tomando el dato medio de consumo, en un día despejado una instalación de 1 kW fácilmente puede proporcionar más de la mitad de esos 9,55 kWh de consumo diario.

La siguiente pregunta es ¿Cuántos paneles necesito para tener 1 kW de fotovoltaica instalada? Hoy en día los fabricantes producen módulos con potencias desde los 250 W (0,25 kW) hasta incluso "monstruos", no porque sean feos, sino porque son bastante grandecitos, de incluso 570 W (0,57 kW), aunque la selección debe de estar precedida de un análisis de las características operativas ofrecidas por el elemento presentes en los documentos de especificaciones. Si consideramos colocar los módulos de menor potencia mencionados, bastaría con cuatro de ellos.

Con esto no quiero decir que baste con diseñar instalaciones de 1 kW para todos los hogares. Cada casa tiene sus necesidades. No es lo mismo tener bomba de calor y vitrocerámica, que demandan mucha potencia eléctrica, en vez de calefacción y cocina de gas, donde solo se usa electricidad para la iluminación y los electrodomésticos. Tampoco es lo mismo instalar fotovoltaica en un pueblo de la provincia de Badajoz que en una ciudad a orillas del Cantábrico. No obstante, en todos los casos, un buen punto de partida es analizar el recurso solar (o la cantidad de energía irradiada por el Sol en la zona), la orientación de la vivienda y, vuelvo a remarcar, el perfil de consumo eléctrico de nuestro hogar.

Para determinar su consumo, pueden recopilar todos los aparatos eléctricos de su casa, ver la potencia que demandan y estimar cuál es el tiempo de uso de cada uno de ellos. Hay elementos que funcionan de forma continua, como el frigorífico, las luces de casa, el aire acondicionado en verano y la bomba de calor en invierno, y otros de manera más puntual como la vitrocerámica o el horno. Sacando un valor medio de consumo a lo largo del día, quizá puedan hacerse una idea de sus necesidades de potencia, no solo para considerar la instalación de módulos, sino también para ver si lo que tienen contratado es adecuado. También pueden analizar su factura eléctrica y ver su consumo diario, pues en ella aparece la cantidad de energía consumida en el periodo de facturación correspondiente.

En internet disponen de recursos para estimar la producción de una instalación de autoconsumo y hacerse una idea del rendimiento que pueden sacarle en su hogar. Entre las opciones disponibles podemos mencionar PVGIS.com, una herramienta gratuita cuya interfaz web permite calcular la energía generada para una hipotética instalación. Esta web les permite introducir datos como la localización geográfica, la potencia a instalar, el ángulo de inclinación y la orientación de los módulos, que explicaremos a continuación, o las pérdidas estimadas del sistema de generación.

¿Cómo colocar un panel fotovoltaico?

Supongamos que tenemos un módulo de silicio de 250 W de potencia y tenemos que colocarlo, ¿cómo procedemos? La primera respuesta que seguro están pensando es "pues orientado hacia el Sol y que no le dé ninguna sombra". Esto que parece tan trivial, en realidad no lo es; incluso es bastante frecuente encontrar instalaciones con una disposición lejos de ser la ideal. Más de una vez me he cruzado con módulos detrás de una chimenea, debajo de un árbol o con una orientación poco lógica.

Recordemos que la posición del Sol en el cielo depende de la hora del día, la fecha del año y nuestra localización geográfica. Esto es resultado del movimiento de nuestro planeta, así como el grado de inclinación del eje de rotación terrestre respecto al plano de la órbita de traslación. Aunque el Sol siempre sale por el este y se pone por el oeste, en las regiones del hemisferio norte observamos que este al salir se mueve hacia el sur, mientras que, en el hemisferio sur, el movimiento es hacia el norte. Por tanto, si estamos en un país como España, nuestro panel debe colocarse mirando hacia el sur, así queda orientado hacia el Sol la mayor cantidad de tiempo posible y cuando la irradiancia es más alta, en las horas centrales del día.

La siguiente variable con la que debemos jugar es la inclinación. El ángulo de inclinación se define como aquel que forma la superficie del módulo respecto al plano de la superficie sobre la que se coloca. Evidentemente, debemos considerar la propia inclinación del suelo, azotea o tejado donde situaremos nuestra instalación. Supongamos que nuestra superficie de apoyo es totalmente horizontal. El ángulo que elegiremos para nuestro módulo depende tanto de nuestra posición geográfica como de en qué momento del año queremos optimizar la producción de energía. Para maximizar la producción, la radiación solar debe de incidir lo más perpendicularmente posible sobre el módulo.

En los meses de verano, el Sol alcanza una mayor elevación en el cielo, de forma que el ángulo de inclinación debe ser reducido. Por el contrario, en los meses de invierno el Sol tiene una menor elevación, por lo que en este caso deberíamos aumentar el grado de inclinación. La norma general que seguir es colocar el módulo con un ángulo igual a la latitud del punto geográfico y restarle 20° en verano o sumarle 20° en invierno, tal y como reflejamos en la siguiente ilustración.

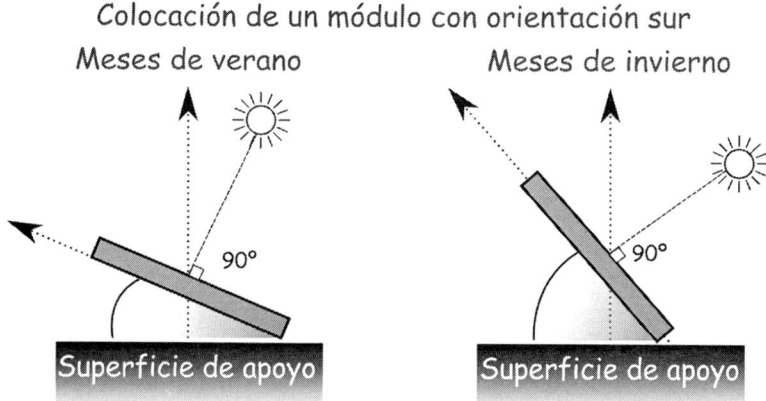

Colocación de un módulo con orientación sur

Meses de verano · Meses de invierno

La regla del ángulo de inclinación funciona adecuadamente cuando el módulo tiene orientación sur (norte si vivimos en el hemisferio sur). No obstante, a veces las condiciones externas de diseño limitan el disponer los módulos en esta posición. Por ejemplo, resultaría bastante complicado cambiar las aguas del tejado de una casa y el coste de hacerlo superaría el ahorro de disponer una instalación de autoconsumo perfectamente orientada. Por tanto, antes de ejecutar una instalación, es necesario llevar a cabo un análisis de la irradiancia incidente sobre la superficie donde se colocarán y considerar si es óptimo añadir algún elemento estructural para incrementar la cantidad de energía proporcionada.

Lograr una configuración óptima para un módulo fotovoltaico no es una tarea sencilla, porque lo que para unos momentos del día o del año es óptimo, para otros puede ser todo lo contrario. En instalaciones fijas, como las típicas de autoconsumo sobre los tejados de las viviendas, debe procurarse una orientación que proporcione una generación adecuada a lo largo del día, o para los momentos de mayor consumo. Por ejemplo, si vivimos en un lugar con inviernos suaves, pero veranos muy calurosos, y combatimos las altas temperaturas con un aire acondicionado, priorizaremos una orientación que maximice la generación en los meses estivales. Por el contrario, si el verano es suave, pero no podemos pasar el invierno sin una bomba de calor, lo ideal es una configuración con un mayor grado de inclinación.

Existen también soluciones implementadas a veces en grandes plantas fotovoltaicas, como el uso de sistemas de seguimiento. Estos elementos son estructuras capaces de modificar su posición a lo largo del día, alcanzando una configuración óptima en todo momento. El coste de estos sistemas es elevado, pero la optimización de la posición permite un incremento de los ingresos por la venta de esa energía adicional producida, lo cual puede ser rentable para los grandes productores de energía. No obstante, en lo relativo a instalaciones particulares, prácticamente no se contempla su uso.

El efecto de las sombras

El sombreado es uno de los efectos que tiene un mayor impacto en el funcionamiento de las instalaciones fotovoltaicas. Si recuerdan, un módulo está formado por múltiples células conectadas en serie, de forma que el voltaje total proporcionado es la suma de los voltajes de cada una de ellas. Por otro lado, la conexión en serie implica que la corriente que circula por todos los elementos del módulo sea la misma. Por tanto, si tenemos 72 células conectadas en serie y una de ellas no recibe luz, la corriente del módulo entero estará limitada por la generada en ese elemento sombreado, reduciendo drásticamente la producción de energía del conjunto. De esta misma manera ocurre cuando tenemos dos o varios módulos colocados en serie. Si uno tiene problemas de sombreado, este condicionará a todos los demás, aunque estos últimos estén perfectamente iluminados.

El sombreado no solo reduce el rendimiento del módulo, sino que pone en riesgo su integridad. Pensad que, pese a que la corriente extraíble está limitada por la célula sombreada, el resto sigue generando una corriente mayor que debe disiparse. La energía asociada a esta corriente se disipa en forma de calor, y este fenómeno tiene lugar en el elemento sombreado. Como consecuencia aparecen los llamados **puntos calientes**, pues el calor generado causa un aumento local de la temperatura. Esto puede ser bastante problemático, porque además de degradar el material, existe un riesgo de incendio si el efecto se mantiene durante un tiempo prolongado.

El problema del sombreado es bastante crítico, por lo que resulta de gran importancia evaluar las posibles sombras que pueden aparecer sobre la superficie donde colocaremos nuestros paneles. Edificios adyacentes, árboles, o elementos urbanos son los frecuentes responsables. También lo es la suciedad de la superficie e incluso los excrementos de pájaros, aunque estos dos últimos problemas pueden solucionarse manteniendo un programa de limpieza periódico.

Afortunadamente, los sistemas fotovoltaicos tienen en cuenta la presencia de sombreados y reducen su impacto negativo. La solución más frecuente son los llamados **diodos de bypass**. La idea es sencilla: si un elemento sombreado limita la producción del conjunto, los diodos de bypass desvían el flujo de la corriente "saltándose" al elemento limitante. Gracias a este elemento se aísla el grupo de células sombreadas, evitando la limitación de corriente a cambio de perder solo algo del voltaje proporcionado por el sistema. De forma similar es posible aislar módulos enteros.

En la siguiente ilustración representamos gráficamente un módulo sombreado por un árbol. Sobre el módulo hemos dibujado una línea que representa la entrada y salida del circuito eléctrico del módulo. A la altura de la zona sombreada, la línea del circuito, en vez de pasar por las células, pasa por un elemento que sería el diodo de bypass. Posteriormente, el circuito vuelve a seguir por el resto de células iluminadas.

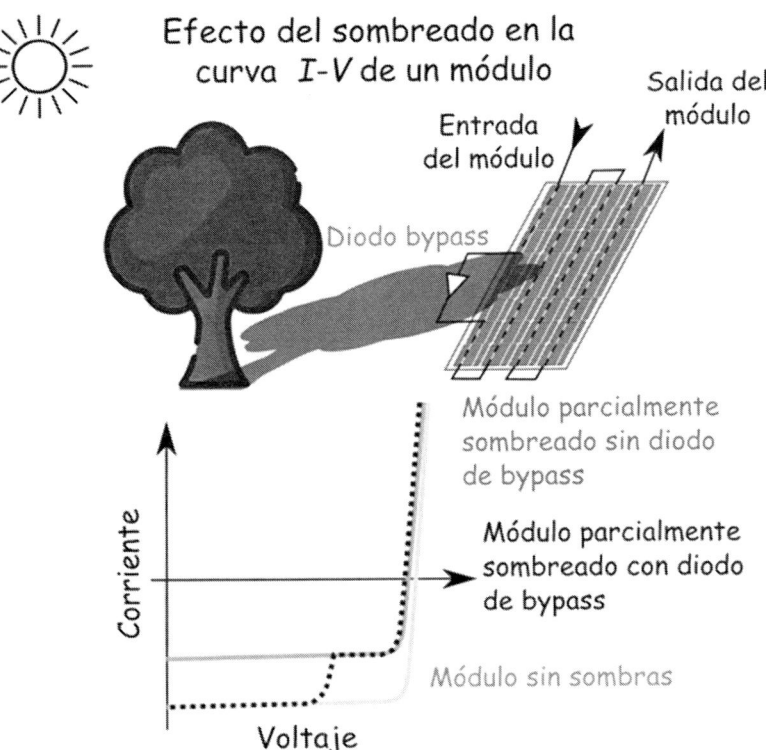

Efecto del sombreado en la curva I-V de un módulo

Salida del módulo

Entrada del módulo

Diodo bypass

Corriente

Voltaje

Módulo parcialmente sombreado sin diodo de bypass

Módulo parcialmente sombreado con diodo de bypass

Módulo sin sombras

En la gráfica inferior de la figura hemos representado tres curvas *I-V*: la del módulo sin sombreado (en gris claro línea continua), sombreado sin diodos de bypass (en gris oscuro línea continua) y sombreado con diodos de bypass (en negro línea de puntos). Es apreciable como la curva gris continua del módulo sin diodos de bypass tiene una corriente menor que la del módulo con diodos. En este último caso, existen dos posibles puntos de máxima potencia en los que puede trabajar el módulo. Uno de ellos es similar al caso del módulo sombreado sin diodos de bypass. El otro punto de trabajo se obtiene a voltajes menores, pero proporciona una mayor corriente suministrando una potencia superior.

El efecto de la temperatura

La temperatura es una variable importante que considerar en todos los procesos de generación de energía. Por lo general, los excesos de temperatura reducen el rendimiento de cualquier sistema de generación eléctrica, y los paneles fotovoltaicos no son una excepción. Un módulo se calienta por dos efectos: por la radiación solar incidente eficientemente absorbida, y por el paso de la corriente eléctrica. ¿Se acuerdan del efecto Joule? Pues los materiales disipan parte de la corriente eléctrica que los atraviesa en función de la resistencia ofrecida al paso de esta. El efecto combinado del calor absorbido y el efecto Joule puede causar que la temperatura de los módulos alcance valores de hasta 60-70 °C.

Cuando las células solares se calientan, ocurren fenómenos con efectos dispares sobre la eficiencia de fotoconversión. El incremento de la temperatura mejora la capacidad de absorción de los semiconductores aumentando ligeramente la corriente generada, lo cual en principio contribuye a aumentar la eficiencia. No obstante, a medida que aumenta la temperatura, se reduce el voltaje proporcionado por la célula solar. El problema es que esta reducción tiene un peso mayor que el aumento de la corriente. Para una célula de silicio, la tasa de crecimiento de la corriente es de un 0,06 % por grado °C, mientras que la disminución del voltaje es 0,0022 mV/°C [30]. Además, cuanto mayor es la temperatura de los materiales, estos suelen presentar una mayor resistencia al paso de la corriente, reduciendo el factor de forma de la curva *I-V* del módulo. Aproximadamente, por grado de temperatura se pierde un 0,4 % de rendimiento.

Podemos concluir que cuanto más fresquito esté el módulo, mejor funcionará. De hecho, si observamos la producción fotovoltaica durante un año entero, los mayores valores de generación no suelen obtenerse en verano, sino en los meses de primavera, mayo y finales de abril. En mayo tenemos las mismas horas de luz solar que a mitad de julio y, además, aún no hace tanto calor para que el rendimiento se vea afectado. El control de la temperatura es importante, por lo que las instalaciones pueden incluir elementos para facilitar la disipación de calor y enfriar, al menos ligeramente, los módulos.

Por último, respecto a la temperatura, debemos recordar que cuando un fabricante pone en las especificaciones el rendimiento del módulo, este valor se ha medido frecuentemente en las condiciones estándar de laboratorio, que son el equivalente a 25 °C. Esto implica que dicho valor diferirá de las condiciones reales de funcionamiento y sería adecuado tenerlo en cuenta para dimensionar con precisión la instalación.

30.   Sproul & Green, M. A. Improved value for the silicon intrinsic carrier concentration from 275 to 375 K. Journal of Applied Physics 70, 846–854 (1991).

El efecto del viento

¿Puede el viento influir en el funcionamiento de la instalación fotovoltaica? A nivel eléctrico, el efecto es despreciable. En todo caso, el viento podría ayudar ligeramente a refrigerar mejor el módulo, pero no es realmente ese el efecto más importante. Con frecuencia se olvida que un panel no es solo un componente eléctrico, sino también un componente estructural. Esto implica que tiene un peso y puede verse afectado por las injerencias meteorológicas.

Alguna vez habrán visto un video de una marquesina que sale volando por la fuerza de una corriente de aire o simplemente alguna vez un vendaval les habrá dado la vuelta al paraguas. Algo similar puede ocurrir en un conjunto de módulos, sobre todo en las típicas estructuras de los parques fotovoltaicos. Los módulos son superficies planas con un área bastante grande con relación a su volumen. Por este motivo, la fuerza ejercida por el viento, al ser proporcional al área sobre la que incide, puede llegar a ser muy elevada. Esto implica que la estructura de montaje debe de diseñarse para soportar este tipo de cargas y evitar literalmente que los paneles vuelen.

Riesgos durante la instalación

Los módulos fotovoltaicos son componentes eléctricos activos. Esto quiere decir que cuando están iluminados, o incluso cuando no lo están (porque, aunque no les llegue la luz directa, les llega la luz difusa), están proporcionando una potencia eléctrica caracterizada por un voltaje y una corriente. Si el operario encargado del montaje de la instalación no maneja los elementos con cuidado, existe un riesgo potencial de electrocución asociado principalmente a la gran cantidad de corriente suministrada por el módulo.

Cuando existe una derivación de una corriente eléctrica que pasa accidentalmente a través del cuerpo de una persona, puede causar efectos desde un simple calambrazo y un espasmo muscular, hasta quemaduras graves y paradas cardiorrespiratorias. Los daños de una electrocución dependen de la cantidad de corriente o amperaje de la descarga sufrida y el tiempo que dicha corriente circula por el cuerpo. Para que se hagan una idea, una corriente de 30 mA durante medio segundo es el umbral por encima del cual empieza a existir un riesgo de daños en el cuerpo humano, y la corriente de salida de un módulo de 250 MW iluminado puede alcanzar valores 200 veces superiores a dicho umbral.

Esto no significa que los paneles fotovoltaicos sean peligrosos, sino que, como en cualquier instalación eléctrica, deben tomarse las precauciones adecuadas para manipular cada uno de los elementos y realizar las conexiones entre ellos. Para garantizar la seguridad, los operarios encargados de ejecutar las instalaciones deben estar adecuadamente formados y disponer de las herramientas necesarias que faciliten su labor y protección.

Debemos reseñar la importancia del diseño del cableado de los módulos, pues la cantidad de corriente extraída de cada uno de ellos es bastante elevada. Cuanto mayor es el amperaje de la corriente que circula por un cable, más grueso debe de ser, y también es más grueso el aislante eléctrico que lo rodea. Por tanto, es necesario un buen dimensionamiento de los elementos de cableado, así como de las conexiones con cada uno de los componentes del sistema fotovoltaico, inversor, regulador de carga, batería, para asegurar la máxima seguridad.

Parte III:
Mitos de la fotovoltaica y panorama mundial

Capítulo 9

Desenmascarando los mitos de la energía solar fotovoltaica

La energía solar fotovoltaica está llamada a ser uno de los principales pilares en el **mix eléctrico** de muchos países. La inversión de capital realizada en los últimos años no tiene precedentes y cada vez es más común encontrar módulos instalados en casas o elementos urbanos como estaciones de autobús o edificios públicos, más allá de los grandes parques fotovoltaicos. Por lo general, este crecimiento está socialmente aceptado y apoyado gracias a la categoría de energía renovable y limpia. Sin embargo, en los últimos años han aparecido detractores de esta tecnología que con frecuencia utilizan argumentos falaces o inexactos para denostarla. En algunas ocasiones estas ideas se apoyan en datos reales, pero se tiende a realizar generalizaciones simplistas y erróneas.

Personalmente, me he enfrentado a debates en los que se me han planteado algunos de los "mitos" de la fotovoltaica que trataremos de desmontar en este capítulo. Antes de entrar en materia, me gustaría destacar que la solución a los problemas energéticos y la descarbonización de la economía no pasa por tener un sistema eléctrico alimentado solamente por esta tecnología de generación. Todas aquellas alternativas de bajas emisiones de gases efecto invernadero son necesarias, pues pueden complementarse para proporcionar un suministro eléctrico limpio, seguro, fiable y barato. Esto se consigue cuando no solo la fotovoltaica rema en una dirección, necesitamos también de la termosolar, la eólica, la hidráulica y la nuclear para poder cumplir los objetivos climáticos establecidos en el Acuerdo de París y mitigar el impacto del cambio climático en la sociedad y el planeta.

Las plantas fotovoltaicas acaban con las zonas cultivables

Una de las principales críticas a la energía solar fotovoltaica es la necesidad de gran cantidad de espacio para disponer los módulos. El crecimiento en el número de plantas de gran tamaño ha dado lugar a cuestiones relativas al uso del suelo. Algunas voces críticas argumentan que la fotovoltaica emplea terrenos que podrían destinarse a actividades agrarias. No pongo en duda que en ciertos lugares pueda existir un conflicto al respecto y es cierto que las necesidades de espacio de la fotovoltaica son superiores a otras tecnologías de generación. Pero la pregunta a plantearse es si es realmente necesario ocupar superficies destinadas a la agricultura y la ganadería para implementar nuevos parques e instalaciones fotovoltaicas.

Saquemos el lápiz y la calculadora porque las matemáticas son un instrumento muy revelador para resolver problemas. Calculemos la cantidad de superficie que necesitaríamos ocupar con módulos fotovoltaicos para suministrar el pico máximo de demanda de energía en España. Según los datos de Red Eléctrica de España, el pico sitúa en 45.000 MW [4]. Entonces supongamos que instalamos 45.000 MW de potencia de módulos. ¿Cuánto espacio ocuparían todos estos paneles? Tomando como referencia la planta Núñez de Balboa, situada en la provincia de Badajoz, tenemos una potencia de 500 MW sobre una superficie de 1.000 hectáreas [31], es decir, 2 hectáreas por MW instalado. Tomemos un número mayor, 2,5 hectáreas por MW, ya que existen plantas que pueden abarcar un poco más de superficie. Si multiplicamos el número de MW por el número de hectáreas, la cuenta asciende a 112.500 hectáreas.

31. La mayor planta fotovoltaica de Europa está en Badajoz: así es Núñez de Balboa, con 500 MW y más de 1.400.000 paneles solares. Xataka https://www.xataka.com/energia/mayor-planta-fotovoltaica-europa-esta-badajoz-asi-nunez-balboa-500-mw-1-400-000-paneles-solares (2020).

Sin embargo, los módulos no proporcionan energía durante todo el día. Para tener en cuenta este aspecto debemos considerar el **factor de carga** de la energía solar fotovoltaica que es aproximadamente un 20 %. Por lo tanto, debemos instalar cinco veces más potencia de la proyectada. El factor de carga es el cociente entre la energía producida por una instalación en un periodo de tiempo y la que habría producido si funcionase al 100 % de su capacidad durante ese mismo periodo. Teniendo en cuenta el factor de carga, la superficie total ocupada por módulos sería 562.500 hectáreas, que pasados a km^2 son 5.625 km^2.

La superficie de España es de aproximadamente 506.000 km^2, de los cuales, según datos del Ministerio para la Transición Ecológica y el Reto Demográfico, [32] 230.000 km^2 están clasificados como superficie agraria. Esto significa que, en teoría, deberíamos cubrir el 1,1 % del país con módulos de silicio para cubrir nuestra demanda de energía, mientras que existe una superficie agraria equivalente al 45,5 % de todo el territorio.

La conclusión de este cálculo es que el desarrollo de las instalaciones de parques fotovoltaicos no tendría por qué comprometer las actividades del sector agrícola y ganadero. En la ilustración de la página siguiente hemos representado la superficie de España a escala y a la derecha el área equivalente que ocuparía nuestra hipotética superficie de módulos.

---

32. Sector agrícola y ganadero. Ministerio para la Transición Ecológica y el Reto Demográfico   https://www.miteco.gob.es/es/cambio-climatico/temas/mitigacion-politicas-y-medidas/agricola.html.

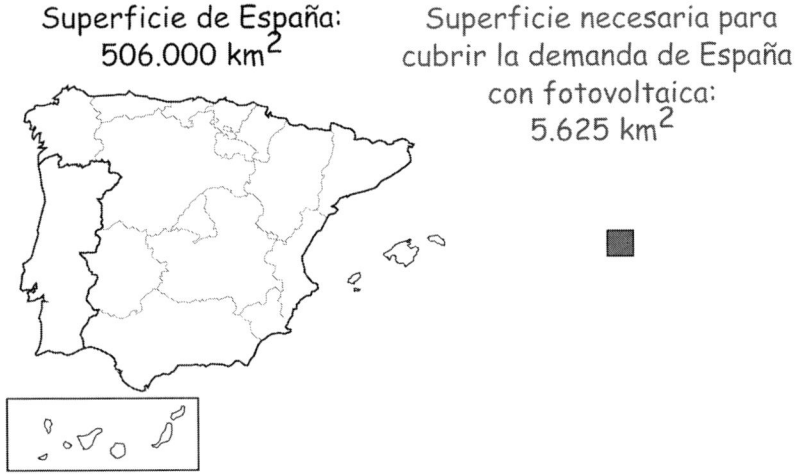

Superficie de España: 506.000 km²

Superficie necesaria para cubrir la demanda de España con fotovoltaica: 5.625 km²

Evidentemente, este cálculo es una estimación un poco a lo bruto, pues no hemos considerado la superficie necesaria para instalar sistemas de almacenamiento de energía que emplearían en el futuro estas plantas de generación. Pero también hay que añadir que, como mencionamos al inicio del capítulo, la fotovoltaica no es nuestra única herramienta en la generación de energía libre de emisiones, por lo que las necesidades de potencia a instalar son menores. También hemos hecho un sobredimensionamiento para el pico máximo de demanda de potencia, mientras que la demanda media suele oscilar entre los 25.000 y los 36.000 MW a lo largo del día.

Plantear una guerra entre el uso del suelo para la agricultura y ganadería o para la fotovoltaica es, en mi opinión, algo que carece de sentido. No solo porque tenemos suficiente espacio, sino porque la fotovoltaica y el campo pueden, y pienso que deben, ir de la mano. La también conocida como agrofotovoltaica consiste en establecer sinergias entre la generación de energía y las actividades agrarias. Entre algunos ejemplos podríamos citar el suministro a los edificios auxiliares, la gestión del agua que podría emplearse tanto para limpieza de superficies como para irrigación, o el disponer de estructuras para el cobijo y resguardo de los animales [33].

Sin embargo, si es cierto que, a pesar de existir espacio para todos, personalmente creo que a veces se abusa del plantear que todas las estructuras de generación se coloquen en zonas rurales para alimentar a zonas urbanas. Los proyectos de parques fotovoltaicos tienen un impacto y también unos beneficios asociados. No puede ser que la parte negativa sea soportada por una zona y el beneficio no repercuta en ella. Este es uno de los motivos que explica ese rechazo hacia la fotovoltaica en las zonas rurales. Este problema es solucionable y pasa por plantearse estas cuestiones la hora de desarrollar proyectos, ya no solo de fotovoltaica, sino de cualquier tipo, para que realmente reporten un beneficio real a los habitantes de la zona donde se ejecutarán.

Por último, me gustaría reseñar que quizá sería la ausencia de fotovoltaica la que acabe con las superficies cultivables. Si prescindimos de las tecnologías claves para descarbonizar el sector energético, contribuiremos aún más al cambio climático, el responsable del aumento de los periodos de sequía, la desertificación y los fenómenos meteorológicos adversos. Estos son los fenómenos que reducirán la superficie disponible para desarrollar cultivos y la ganadería.

33. Mamun, M. A. A., Dargusch, P., Wadley, D., Zulkarnain, N. A. & Aziz, A. A. A review of research on agrivoltaic systems. Renewable and Sustainable Energy Reviews 161, 112351 (2022).

Los paneles fotovoltaicos contaminan más en su producción que la energía limpia que generan

Algunas personas argumentan que no tiene sentido usar fotovoltaica porque, aunque la energía suministrada no contamina directamente, el proceso de producción de los paneles es terriblemente dañino para el medioambiente. Lo cierto es, que los módulos fotovoltaicos no crecen como flores en el campo. A estas alturas, sabrán cómo se fabrican las células solares y los módulos, y evidentemente muchos de los pasos de procesado consumen una cantidad nada despreciable de recursos.

La idea del "cero carbono" empleada para defender que un producto o proceso es respetuoso con el medioambiente es, en mi opinión, un concepto más de marketing que algo realista. No existe ningún tipo de actividad humana que no tenga un impacto asociado en el entorno, por pequeño que sea, y si con impacto incluimos contaminación, todo contamina. Sin embargo, hay cosas que contaminan menos que otras, y si existen diferentes alternativas para alcanzar un mismo fin, en nuestro caso la generación de electricidad, debemos tratar de contaminar lo menos posible. De hecho, resulta bastante irónico que muchos de los que usan el argumento de "¿tú sabes cuánto contaminan los paneles fotovoltaicos?", suelen ser personas bastante escépticas respecto a los problemas de contaminación y el cambio climático.

En ingeniería, la herramienta empleada para comparar el impacto ambiental de diferentes tecnologías o productos es el llamado **análisis de ciclo de vida** o **LCA** (del inglés *Life Cycle Assesment*). En un LCA analizamos un producto evaluando los recursos consumidos y los efectos en el medioambiente asociados a su creación, uso y deposición (es decir, lo que hacemos con él cuando deja de funcionar o ha cumplido su vida útil). Analicemos el LCA del módulo de silicio monocristalino, la tecnología más empleada en el campo de la fotovoltaica, desde el punto de vista de las emisiones de gases efecto invernadero.

Las emisiones de gases asociadas a los módulos de silicio provienen principalmente del proceso metalúrgico de producción. Si recuerdan, necesitamos extraer rocas ricas en sílice y procesarlas en un horno de arco eléctrico con carbono. Las subsiguientes etapas de purificación como el proceso Siemens no conllevan un consumo energético tan elevado como la etapa inicial y además se caracterizan por reusar los efluentes de gases empleados para la purificación, aunque sí plantean problemas asociados a la toxicidad de los compuestos utilizados. Posteriormente, la formación de los lingotes requiere energía debido a la fusión del material. Finalmente, también existen emisiones asociadas al procesado de las células y módulos, sobre todo en las fases de aleado y la laminación.

Una vez tenemos el módulo, este debe instalarse, pero antes con frecuencia hace un largo viaje. La gran mayoría de los módulos de silicio se fabrican en China, por lo que existe un impacto asociado a su transporte. No obstante, este problema sería solucionable si la tecnología se fabricase cerca de su lugar de uso, pero aquí desgraciadamente pesa más la cuestión económica que la ambiental.

El caso es, que venga de donde venga, el módulo, una vez instalado, produce energía, requiriendo tan solo un mínimo mantenimiento, como garantizar la limpieza de su superficie y revisiones periódicas de su estado. Esta es la gran ventaja de la fotovoltaica y de las energías renovables, la ausencia de emisiones directas en su ciclo de operación.

¿Cuántos años puede funcionar un módulo? Los fabricantes ofrecen una vida útil de 25-30 años. El concepto de vida útil es, no obstante, algo que no tiene por qué implicar que, una vez pasado este periodo, el módulo tenga que desecharse. Estos 25-30 años están relacionados con el tiempo que el módulo puede funcionar, proporcionando unos mínimos de rendimiento sin sufrir problemas que impidan su funcionamiento. Esto significa que podrían operar más allá de su vida útil en ciertos casos. En el caso de que ya no estén en condiciones porque se hayan fracturado o degradado algunas células, algo hay que hacer con ellos.

El proceso de reciclaje podríamos decir que aún está "en pañales". De los módulos obsoletos se recupera el vidrio, el aluminio y el cableado, mientras que el resto de materiales se convierten en un conglomerado de trozos triturados de poca utilidad. No obstante, los avances en la recuperación de los componentes son cada vez mayores, así como el interés en hacer del desecho recurso, contribuyendo a la economía circular y a reducir los costes.

Aunque resulta complejo analizar el impacto ambiental de una tecnología, pueden hacerse números y llegar a potentes conclusiones. El informe de expertos del Panel Intergubernamental del Cambio Climático (IPCC) estimó en el año 2014 que las emisiones de gases efecto invernadero por kWh de energía generada de la fotovoltaica son 48 g de CO_2 equivalente [34]. Los gramos de CO_2 equivalente (CO_2-eq) son una medida de la cantidad de gases efecto invernadero emitidos por un proceso o producto a lo largo de su vida útil. Un estudio más reciente de la Comisión Económica de las Naciones Unidas para Europa (UNECE) [35], y cuyos datos hemos representado en la ilustración de la página siguiente, sitúa el valor en 37 g CO_2-eq/kWh. Es un valor bastante pequeño en comparación con los 1.000 g CO_2-eq/kWh del carbón o los 430 g CO_2-eq/kWh del gas natural, las tecnologías que debemos sustituir para reducir el impacto ambiental de la producción de electricidad.

34. Pörtner, H. O. et al. Climate Change 2022: Impacts, Adaptation and Vulnerability. Contribution of Working Group II to the Sixth Assessment Report of the Intergovernmental Panel on Climate Change. https://www.ipcc.ch/report/ar6/wg2/ (2022).
35. Life Cycle Assessment of Electricity Generation Options | UNECE. https://unece.org/sed/documents/2021/10/reports/life-cycle-assessment-electricity-generation-options.

Podemos concluir que, pese al impacto inicial asociado a la fabricación, si ampliamos nuestra perspectiva, los módulos fotovoltaicos reducen notablemente las emisiones en comparación con las tecnologías de generación basadas en combustibles fósiles. La afirmación de que los módulos contaminan muchísimo solo podría tener algo de fundamento si una vez fabricado el módulo, lo usáramos un mes y lo tirásemos a un vertedero.

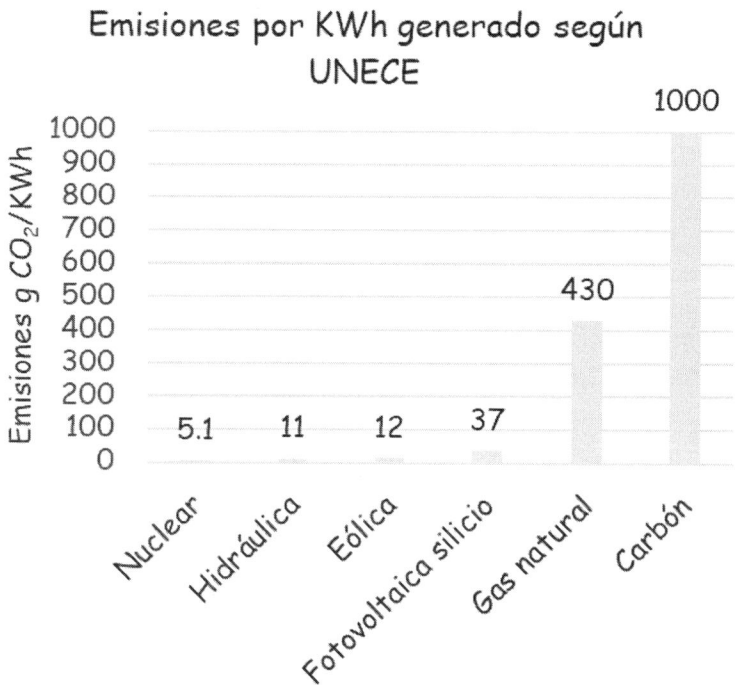

Los módulos fotovoltaicos son peligrosos para las aves

Quizá a alguno de ustedes les parezca curioso, pero un argumento exhibido en contra de la fotovoltaica es que es responsable de la muerte de aves. La razón que explica este hecho es que la luz reflejada sobre la superficie de los paneles es mal percibida por estos animales que, creyendo que ven un reflejo del cielo asociado al agua, chocan fatalmente contra los módulos, sufriendo lesiones en algunos casos fatales.

Realmente no podemos negar que esto no pueda suceder, pero se trata de un hecho fortuito más que de una trampa mortal como algunos pretenden hacer ver. Para empezar, el nivel de reflexión de la luz de los módulos fotovoltaicos no se debe a las células. Sería bastante ilógico que un dispositivo diseñado para absorber la luz y generar electricidad refleje gran parte de ella. De hecho, en su momento hablamos de la importancia de reducir la reflexión mediante el texturizado y las capas antirreflectantes. Los reflejos son resultado del propio vidrio de la parte frontal del panel, que posee unas propiedades ópticas similares al que tenemos en una ventana convencional.

Aunque el vidrio es transparente, puede causar reflexiones, especialmente para ángulos de incidencia de la luz muy inclinados. La luz reflejada por los módulos no es mayor que la reflejada por grandes edificios con grandes ventanales o muros cortina que cubren de vidrio fachadas enteras. Existen estudios acerca de la mortalidad causada por las grandes plantas fotovoltaicas, por citar el ejemplo de uno realizado en Sudáfrica, que ha cuantificado 4,5 muertes por MW instalado al año [36]. Es decir, una planta de 500 MW podría acabar anualmente con la vida de 2.250 aves, según estos datos. Sin embargo, este valor no es muy elevado si se compara con las muertes causadas por edificios, el tráfico rodado o incluso las debidas a gatos domésticos y silvestres. Algunos estudios apuntan a que los gatos podrían ser la causa de muerte de más de 1.000 millones de aves en Estados Unidos cada año [37,38].

Las instalaciones fotovoltaicas no tienen por qué suponer un peligro enorme para la fauna silvestre o, por lo menos, no son más peligrosos que otros elementos. Algunos estudios afirman que las plantas generadoras de reducido tamaño pueden tener incluso un impacto positivo en la proliferación de ciertas especies de aves [39]. De todas formas, en algunas instalaciones se implementan medidas para disuadir su presencia, no porque puedan suponer un peligro para ellas, sino porque los propios animales pueden afectar negativamente al rendimiento de la instalación. Los desechos de las aves depositados en la superficie de los módulos tienen un efecto negativo no solo por la limpieza, sino porque bloquean la incidencia de la luz sobre las células, reduciendo la fotocorriente generada, causando los efectos de sombreado descritos en el capítulo anterior. Por tanto, la interacción entre los módulos y las aves es un problema que atañe más al correcto funcionamiento de los módulos que a la seguridad de estos animales.

36. Visser, E., Perold, V., Ralston-Paton, S., Cardenal, A. C. & Ryan, P. G. Assessing the impacts of a utility-scale photovoltaic solar energy facility on birds in the Northern Cape, South Africa. Renewable Energy 133, 1285–1294 (2019).
37. Loss, S. R., Will, T. & Marra, P. P. The impact of free-ranging domestic cats on wildlife of the United States. Nat Commun 4, 1396 (2013).
38. Outdoor Cats: Single Greatest Source of Human-Caused Mortality for Birds and Mammals, Says New Study. American Bird Conservancy https://abcbirds.org/article/outdoor-cats-single-greatest-source-of-human-caused-mortality-for-birds-and-mammals-says-new-study/.
39. Golawski, A., Mitrus, C. & Jankowiak, Ł. Increased bird diversity around small-scale solar energy plants in agricultural landscape. Agriculture, Ecosystems & Environment 379, 109361 (2025).

La energía solar fotovoltaica es rentable solo con subvenciones

Alguna vez habrán escuchado lo de "las energías renovables solo son rentables si existen las subvenciones" o lo de "las energías renovables son muy caras y acabarán por encarecer también la factura de la electricidad". Estas afirmaciones, en realidad, no eran del todo desacertadas. Digo que "eran" porque, como ahora veremos, los costes de la fotovoltaica no son los de hace 15 años. Pero ha llovido mucho desde entonces y prueba de ello es cómo la penetración de las renovables, y en concreto la fotovoltaica, es cada vez mayor en los sistemas eléctricos.

El Instituto Fraunhofer de energía solar, una de las más prestigiosas instituciones en investigación de esta tecnología, publicó en su informe del año 2024 varios datos acerca de la evolución del sector. En una de sus gráficas se estudia un parámetro denominado **coste nivelado de la energía LCOE** (del inglés *Levelised Cost Of Energy*). Se trata de un dato de gran importancia para los inversores de capital, pues determina el coste de producir una determinada cantidad de energía para una instalación. Según este informe, el LCOE de las plantas fotovoltaicas ha pasado de los 0,315 €/kWh del año 2010 a los 0,047 €/kWh del año 2022 [18].

En la gráfica de la página siguiente hemos representado la evolución del LCOE reflejada en el informe. Si no saben si estos costes son altos o bajos, simplemente cojan su factura de la luz y les aseguro que en el término de energía consumida no encontrarán un precio tan reducido por kWh. Esto implica que la idea de que una planta fotovoltaica construida en 2025 tenga que estar subvencionada es ridícula, porque se trata de una tecnología competitiva en cuanto a costes y el precio de venta de la energía por parte de los productores supera el coste de producción.

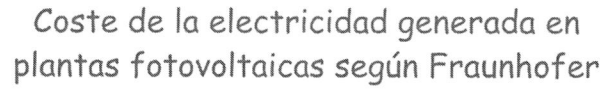

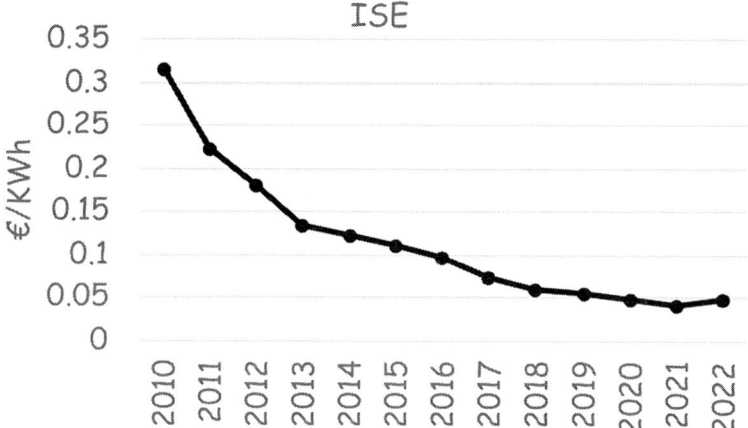

Coste de la electricidad generada en plantas fotovoltaicas según Fraunhofer ISE

No obstante, las subvenciones a la fotovoltaica sí existieron, porque hace 20 años, los costes no eran tan reducidos. En el año 2007, el gobierno español aprobó el Real Decreto (RD) 661/770 que establecía un marco retributivo especial para favorecer la rentabilidad de las renovables e impulsar su expansión. De esta forma, el Estado se comprometía a garantizar unos beneficios mínimos a las plantas de generación renovable, lo que atrajo a muchos inversores y supuso la concesión de créditos para el sector, que experimentó un notable crecimiento durante la segunda mitad de la primera década del siglo XXI. La idea era sencilla: el exceso de costes de la planta generadora era asumido por el Estado y se garantizaba una retribución que asegurase la rentabilidad de la actividad económica.

Estas políticas funcionaron hasta que tres años después, la situación económica fuertemente marcada por la crisis financiera global del año 2008 supuso un terremoto a nivel económico mundial y no permitía mantener esas rentabilidades prometidas a las renovables en 2007. Los años de la crisis estuvieron marcados por la reducción de los incentivos, y muchos de los que apostaron fuerte por algo que parecía tener una rentabilidad garantizada, se encontraron con que no podían continuar su actividad sin incurrir en pérdidas inasumibles. Esto supuso el fin del famoso "Boom de la fotovoltaica" en España, y el cese de actividad de muchas de las empresas que surgieron al calor de este "Boom". En 2012 se eliminaron las compensaciones a las plantas renovables que empezasen a operar desde entonces y en 2013 el nuevo gobierno redujo aún más las compensaciones existentes.

Esto quiere decir que en España aún existen primas a la generación fotovoltaica, en aquellas plantas puestas en funcionamiento antes del año 2012 y todavía en operación. No obstante, todas las demás instaladas desde entonces no reciben compensaciones, y por lo que vimos al analizar el LCOE, tampoco las necesitan. Con el tiempo, esas primeras plantas fotovoltaicas, que son una fracción muy reducida sobre las que operan actualmente, cesarán su actividad y con ello desaparecerán las últimas primas a la energía fotovoltaica aún vigentes.

Capítulo 10

Panorama mundial de la energía solar fotovoltaica

Escribir acerca del estado actual de la energía fotovoltaica puede resultar incluso más complicado que explicar el funcionamiento de la unión PN. Esto se debe a que los principios físicos que rigen el comportamiento de los semiconductores seguirán siendo los mismos dentro de 20 años, pero seguramente las tendencias de los mercados y la situación del sector eléctrico pueden llegar a diferir mucho de las previsiones actuales. A pesar de ello, intentaré ofreceros la "foto" del sector fotovoltaico a fecha de comienzos de 2025 y sus perspectivas de cara a las próximas décadas.

El crecimiento de la fotovoltaica no tiene precedentes, con aumentos casi exponenciales de la capacidad instalada año a año. Estos números se deben principalmente a la notable reducción de los costes de materiales y de fabricación de las células durante la pasada década, lo que ha convertido a esta tecnología de generación en una opción económica, rentable y limpia para la producción de energía eléctrica. El peso de la fotovoltaica en los mix eléctricos o, en otras palabras, los porcentajes de participación de cada fuente de energía en la producción eléctrica de cada país o región, crecen año a año con perspectivas de convertirse en la tecnología líder de generación.

Durante este capítulo realizaremos múltiples referencias al *World Energy Outlook 2023*[40], documento elaborado anualmente por la Agencia Internacional de la Energía (IEA del inglés *International Energy Agency*) el cual recopila las tendencias del sector energético e incluye predicciones de cómo evolucionará en los próximos años.

Este informe plantea tres escenarios posibles a futuro: el **escenario de políticas actuales** tiene en cuenta los acuerdos y compromisos ya acatados por los diferentes países en materia de energía, es decir, sería el equivalente a que el futuro se desarrollase según las mismas directrices definidas hoy día. El **escenario de políticas anunciadas** considera las propuestas a realizar ya declaradas, pero que todavía no están en marcha, sería equivalente a modificar las acciones actuales y adquirir un mayor compromiso a nivel climático. Por último, tenemos el **escenario de cero emisiones netas**, equivalente a que se implementaran las acciones necesarias para lograr unas emisiones netas de CO_2 nulas en el año 2050 o, en otras palabras, desplazar a los combustibles fósiles del mix eléctrico.

El otro documento de referencia para los datos de este capítulo es el informe anual del Instituto Fraunhofer acerca de la industria fotovoltaica [18]. También nos hemos basado en datos de otras instituciones del mundo de la energía que mencionaremos a lo largo del texto. Si les pica la curiosidad, les animo a consultar estas referencias que se encuentran a disposición de todo el mundo en internet.

40. World Energy Outlook 2023. License: CC BY 4.0 (Report); CC BY NC SA 4.0 (Chapter 3). https://www.iea.org/reports/world-energy-outlook-2023 (2023).

Los números de la fotovoltaica en el mundo

En el año 2023 se instalaron en el mundo la cifra récord de 407 GW de potencia fotovoltaica, superando de largo los 240 GW del año anterior. Esto es más del triple de la potencia eléctrica instalada en España. Estas adiciones al sistema eléctrico global permitieron superar los 1.400 GW instalados de fotovoltaica en el mundo. Solo en el 2023 se instaló el 25,7 % de toda la potencia fotovoltaica disponible a inicios de 2024. Este crecimiento vertiginoso es apreciable en la gráfica de la página siguiente.

A pesar de estos números, toda esta capacidad solo proporciona algo más del 2 % de toda la **energía primaria** consumida en el mundo. Cuando nos referimos a energía primaria, se incluye no solo la generación de electricidad, sino también la energía usada en la industria, el transporte o la generación de calor en edificios. Pese al crecimiento de las tecnologías de bajas emisiones, aún existe una enorme dependencia de los combustibles fósiles que suponen alrededor del 81 % del consumo energético mundial. No obstante, las expectativas de cambio son altas, ya que se prevé que en las próximas décadas la participación de al menos el petróleo y el carbón continúe reduciéndose poco a poco.

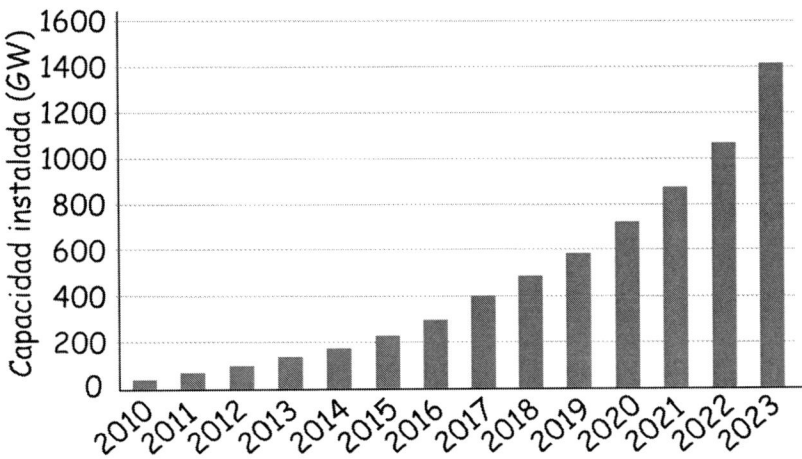

Evolución de la capacidad fotovoltaica instalada en el mundo según Fraunhofer ISE

El *World Energy Outlook 2023* señala que, de acuerdo con las políticas y tendencias actuales en el sector energético, las adiciones de capacidad fotovoltaica llegarán a superar los 500 GW anuales en 2030. Este número parece factible de superar, dados los datos referentes al año 2023 y la tendencia alcista observada durante la última década. Si nos fijamos en el escenario de "políticas anunciadas", esta cifra alcanzará los 640 GW anuales, es decir, si se cumplen las promesas realizadas en materia de energía y clima.

Si nos centramos en términos de producción de energía eléctrica, la fotovoltaica es la tecnología que más crecerá en el mundo, pasando de representar el 5 % de la generación eléctrica en 2023 a convertirse en la fuente principal en 2050. Esto implicará que su participación en el mix eléctrico global llegue a aproximadamente el 30 %, una cifra que alcanzaría el 40 % en el escenario de cero emisiones.

Este crecimiento tan elevado debe ser sostenido por un enorme desarrollo de la industria fotovoltaica en todas las etapas de la cadena de valor. Aproximadamente el 90 % de los módulos fotovoltaicos comerciales fabricados en el 2021 tuvieron su origen en la región de Asia y el Pacífico (APAC), siendo China el proveedor principal. Solo el gigante asiático produjo casi tres de cada cuatro módulos en el mundo. Este porcentaje es aún mayor si nos fijamos en las células, superando el 90 % de la cuota mundial, ya que muchos fabricantes de módulos emplean componentes importados desde China.

Aunque el crecimiento de la industria fotovoltaica china ha posibilitado la reducción en los costes de producción y sustentado las adiciones de capacidad a la red eléctrica, estos porcentajes tan elevados de cuota de mercado pueden suponer un riesgo en las cadenas de suministro. Recientemente, acontecimientos como la pandemia mundial del COVID-19 o la guerra de Ucrania, han reavivado el interés por desarrollar tecnología propia en los países europeos, un interés que había desaparecido tras la crisis financiera de 2008.

En cuanto a la tecnología dominante en el sector fotovoltaico, podemos destacar el cambio enorme en los últimos 10 años. Si recuerdan, cuando hablábamos del silicio policristalino y el monocristalino, el primero ofrecía la ventaja de tener un proceso de fabricación más simple y en teoría más económico a pesar de su peor eficiencia. En 2014, el silicio multicristalino representaba el 70 % de los módulos fotovoltaicos del mercado, pero la progresiva reducción de costes de fabricación ha supuesto que el monocristalino le adelantase por la derecha literalmente. En 2023 se fabricaron 485 GWp (**gigavatio pico**) de silicio monocristalino por solo 4 GWp de multicristalino. Por otro lado, tenemos los módulos de película delgada, siendo los de CdTe, fabricados principalmente en Estados Unidos, la tecnología principal del total de 15 GWp producidos en 2023.

China es el productor por excelencia de módulos y células solares, pero esto no solo tiene la motivación de ser el proveedor mundial. La apuesta de China por la fotovoltaica es firme al ser responsable de aproximadamente el 37 % de la demanda mundial de energía. En este aspecto, le siguen las regiones de Norteamérica con un 18 % y Europa con un 17 %. Debemos destacar que esta demanda seguirá creciendo, dado que los países con un menor grado de desarrollo aumentarán su consumo energético. Esto plantea dilemas y a la vez retos, puesto que el desarrollo de los sistemas eléctricos de dichos países debe ser sustentado por tecnologías de bajas emisiones si quieren cumplirse los compromisos climáticos globales. Esto solo será posible con el apoyo de los países poseedores de la tecnología y de las cadenas de producción.

China como líder de la era de la fotovoltaica

China concentra el 18 % de la población mundial, consume el 26 % de toda la energía primaria y es responsable del 33 % de las emisiones globales de CO_2. Estas se deben en gran parte a su sector energético, donde el carbón representó en 2021 el 60,8 % del total de la energía eléctrica generada. Desde el año 2000, China casi ha multiplicado por cuatro su demanda de energía y las previsiones de Pekín anticipan que seguirá creciendo hasta por lo menos hasta el año 2030. A pesar de ello, China ha adquirido compromisos firmes para descarbonizar su sector eléctrico. En su último plan quinquenal se establecían importantes metas, como alcanzar un 50 % de generación de bajas emisiones (nuclear y renovables), superar los 12.000 GW de potencia instalada entre eólica y fotovoltaica en 2030 y alcanzar la neutralidad en carbono en el año 2060 [41].

---

41. Energy Transition Outlook. DNV https://www.dnv.com/energy-transition-outlook/.

Para cumplir tales ambiciosos objetivos, la energía fotovoltaica se convertirá en uno de los pilares fundamentales del sistema eléctrico chino. Se espera que, en el año 2050, solo esta tecnología produzca el 38 % de la electricidad del país. En esta ecuación entran en juego los sistemas de almacenamiento de gran capacidad que ayudarían a guardar los excedentes de producción para disponer de ella, por ejemplo, durante la noche. La idea es que todas las instalaciones fotovoltaicas en suelo chino dispongan de sistemas de almacenamiento para 2050, algo que implicará el desarrollo de tecnologías de baterías de gran capacidad o la construcción de presas de bombeo.

China es el principal productor de módulos y células fotovoltaicas del mundo. Según datos de la IEA, mientras en 2007 abarcaba en torno a la cuarta parte de un mercado en el que se instalaban 4 GW anuales, ha pasado prácticamente a monopolizar un entorno donde se instala 100 veces la potencia de aquel entonces. Una de las claves de este hecho es la apuesta del gobierno del país por la fotovoltaica durante los años de la crisis financiera, años en los cuales, en los países europeos, por poner un ejemplo, desapareció la financiación que impulsaba muchos proyectos.

Producción mundial de módulos fotovoltaicos

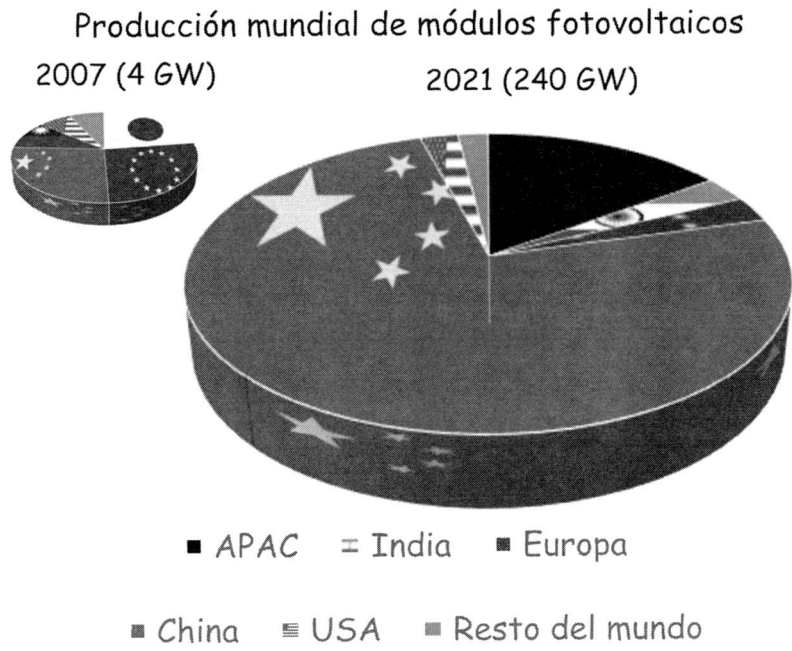

2007 (4 GW)   2021 (240 GW)

■ APAC   ⩵ India   ■ Europa

■ China   ▤ USA   ■ Resto del mundo

Desde el nombramiento de Xi Jinping como presidente de la República Popular, China ha adquirido una posición más asertiva en la escena internacional y esto también afecta al sector fotovoltaico. China ya no quiere ser el suministrador de componentes del mundo, quiere liderar con su propia tecnología. Un ejemplo es la empresa Longi, que no es solo el principal suministrador mundial de módulos de silicio monocristalino, también es la responsable de los más recientes récords de eficiencia en estas células, apostando fuertemente por mejorar una tecnología que, aunque ya sea madura, tiene aún margen para crecer.

Las empresas chinas lideran el sector, quizá conozcan Trina Solar, JA Solar, Yingli o Jinko Solar (esta última si son futboleros, y en especial valencianistas, quizá les suene más), pero otras compañías que no se dedican específicamente a la fotovoltaica como Huawei, están ya ofreciendo productos como inversores o reguladores de carga para instalaciones domésticas de autoconsumo.

Todo apunta a que China seguirá liderando el sector fotovoltaico, tanto por la creciente demanda global, como por su demanda interna y la necesidad de dar un giro de 180° en su estructura de generación. El nivel de desarrollo de los procesos productivos ha colocado a China en una posición firme de liderazgo de la que difícilmente llegará a bajarse. La tecnología china, aplicada principalmente al silicio cristalino, no solo está presente en todo el mundo, sino que, el gigante asiático se postula también como el principal proveedor de fotovoltaica para impulsar el crecimiento de los sistemas eléctricos de países menos desarrollados, aumentando con ello la esfera de influencia de Pekín.

Estados Unidos y su interés por preservar su tecnología

China es el país donde más energía eléctrica se consume y el mayor emisor de gases efecto invernadero del mundo, pero justo detrás, tanto en consumo como en emisiones, se encuentran los Estados Unidos. Desde el inicio del siglo XX, este país ha tenido una posición dominante en la escena global, y durante la segunda mitad del siglo se ha consolidado como la principal economía del mundo. Esto también se traduce en números en el sector eléctrico.

Un aspecto destacable es que Estados Unidos consume algo más de la mitad de la energía que China con cuatro veces menos población, lo que implica tener uno de los consumos energéticos por habitante más elevados del planeta según datos proporcionados por el departamento de energía del gobierno norteamericano [42]. De hecho, el estadounidense promedio también supera en consumo per cápita al europeo.

Si nos fijamos en el origen la electricidad consumida, el gas natural es la principal fuente de energía, suponiendo en 2023 alrededor del 42 % de la producción. El gas tiene un peso muy importante porque Estados Unidos no solo consume una gran cantidad, sino que es uno de los principales productores de este hidrocarburo, y el principal exportador a nivel mundial, hecho principalmente debido al desarrollo de la extracción mediante *fracking*. La nuclear y el carbón ocupan la segunda (18 %) y la tercera posición (16 %), mientras que las renovables en su conjunto superan a estas dos últimas tecnologías con un 22,7 %, y en concreto, la energía solar fotovoltaica supone el 5,4 %.

El mix eléctrico de Estados Unidos está marcado por la dependencia de combustibles fósiles que, aunque sean en gran parte producidos en el país, tienen un impacto negativo a nivel climático. La tendencia no muestra un abandono de su uso, ya que gran parte de las antiguas centrales de carbón se está sustituyendo por generación con gas natural. Las energías renovables y, en concreto, la solar fotovoltaica, van abriéndose paso en las diferentes redes eléctricas del territorio estadounidense. Podemos destacar que en la red del *California Independent System Operator* (CAISO), la fotovoltaica cuenta con más de 20 GW de potencia instalada, contribuyendo de forma notable al mix energético de la región.

---

42. International Energy Outlook 2023 - U.S. Energy Information Administration (EIA). https://www.eia.gov/outlooks/ieo/index.php.

En cuanto a su industria fotovoltaica, el peso de los módulos *made in USA* en el mundo se ha reducido, pasando del 13 % en 2004 al 0,9 % en 2023. Esto se debe a que el crecimiento de la industria ha sido mucho menor que el de China. Los reducidos precios de la fotovoltaica en Asia han causado un abandono progresivo de la fabricación, en especial de células de silicio, en Estados Unidos y Europa. No obstante, los estadounidenses han conseguido preservar en el mercado una tecnología fotovoltaica que compite en cuanto a costes con el silicio, los módulos de película delgada de CdTe.

Aunque la eficiencia de los módulos de CdTe es algo menor que la del silicio, presentan unos costes de producción similares e incluso una menor huella de carbono que otras tecnologías fotovoltaicas, de acuerdo con algunos estudios [43]. Además, se está trabajando en mejorar los procesos de reciclado y recuperación, algo esencial para compensar la escasez de teluro necesario para confeccionar los módulos.

En Estados Unidos se sigue apostando por esta tecnología. En 2023, el CdTe supuso 4,4 del total de 7,2 GW de módulos fotovoltaicos fabricados en el país [44]. La compañía más destacable de la industria fotovoltaica americana es First Solar, responsable de grandes instalaciones con tecnología de CdTe a nivel nacional como Agua Caliente en Arizona y la Topaz Solar Farm, una planta de 550 MW situada en California, que en el momento de su puesta en operación en 2014 fue la instalación de generación fotovoltaica más grande del mundo. Debemos mencionar también la existencia de otros productores de módulos de película delgada pero basados en las células CIGS, como Ascent Solar Technologies.

43.   Rashedi, A. & Khanam, T. Life cycle assessment of most widely adopted solar photovoltaic energy technologies by mid-point and end-point indicators of ReCiPe method. Environ Sci Pollut Res 27, 29075–29090 (2020).
44.   PV Manufacturing & Technology Quarterly Report. Solar Media https://marketresearch.solarmedia.co.uk/reports/pv-manufacturing-technology-quarterly-report-5/.

A pesar de las ventajas que pudiera presentar el uso del CdTe u otros thin films, el silicio es hoy en día, y muy probablemente será también en el futuro, una tecnología más eficiente y barata. El hecho de seguir usando el CdTe en Estados Unidos, obedece más a una razón de preservar una tecnología en la que el país es líder, con una matriz consolidada de empresas y grupos de investigación que trabajan con ella, más que a razones económicas. Una de las instituciones más prestigiosas a nivel mundial en investigación sobre fotovoltaica y también sobre energías renovables es el National Renewable Energy Laboratory (NREL), situado en Colorado. Esta institución elabora el gráfico de referencia donde se reportan anualmente los récords de eficiencia de los dispositivos fotovoltaicos.

Aunque el CdTe es la tecnología estrella de los estadounidenses, también existen fabricantes de módulos de silicio, que emplean principalmente células importadas desde el extranjero. Debido a las tensiones comerciales entre China y Estados Unidos, las importaciones de células chinas desaparecieron en 2021, siendo los principales proveedores Malasia, Vietnam y Corea del Sur. Sin embargo, el gobierno estadounidense ha tomado medidas fiscales orientadas a favorecer el desarrollo de tecnologías como la solar fotovoltaica y promover que la cadena de producción vuelva a situarse enteramente dentro del país.

En 2022, el gobierno de Joe Biden aprobó la Ley de Reducción de la Inflación (IRA) cuyo objetivo principal es la reducción del déficit presupuestario del gobierno federal. Esta ley favorece los incentivos públicos para la producción de energía limpia en el país, siendo la mayor inversión de la historia realizada por un gobierno en materia de energía y clima. Este marco ha permitido, por ejemplo, la reactivación de la producción de silicio policristalino por parte de la empresa REC Silicon en Washington, o la apertura de una fábrica de módulos con una capacidad de 5.000 MW anuales en Texas por parte de Canadian Solar. Desde la aprobación de la IRA, más de 300 GW de capacidad de producción han sido anunciados [45]. Además, se han realizado más propuestas relativas no solo a aumentar la capacidad de producción de módulos, inversores o silicio policristalino, sino también orientadas a recuperar la producción de células de silicio en el territorio nacional.

Estas medidas están encaminadas a situar al sector fotovoltaico estadounidense en una posición de referencia a nivel global, pero el tiempo dirá si las promesas anunciadas finalmente se convierten en hechos reales. Mucho influirá si el nuevo gobierno presidido por Donald Trump da continuidad a las directrices establecidas por su predecesor.

Europa y su apuesta por la transición energética

Europa tiene uno de los mix eléctricos más limpios en materia de emisiones de gases efecto invernadero del mundo. Si nos fijamos en los países miembros de la Unión Europea, encontramos porcentajes de generación renovable que de media superan el 40 %. Por ejemplo, en Dinamarca el 79 % de la electricidad es renovable, y en países con mayor consumo, como Alemania e Italia, se alcanza un 44 % y un 37 % respectivamente. En lo respectivo a la fotovoltaica, en 2023 en la UE había instalados 236 GW de potencia que produjeron algo más del 9 % de la electricidad generada en la unión, 1,5 puntos porcentuales más que en 2022. Este porcentaje se espera que siga creciendo hasta alcanzar un 36 % en 2050 [46]. El peso de la fotovoltaica es ya relevante en países como Hungría, Grecia, España o Países Bajos, donde supone más del 15 % de toda la electricidad generada.

45. Feldman, D. et al. Spring 2024 Solar Industry Update. NREL/PR--7A40-90042, 2376145, MainId:91820 https://www.osti.gov/servlets/purl/2376145/ (2024) doi:10.2172/2376145.
46. European Electricity Review 2024. Ember https://ember-energy.org/latest-insights/european-electricity-review-2024.

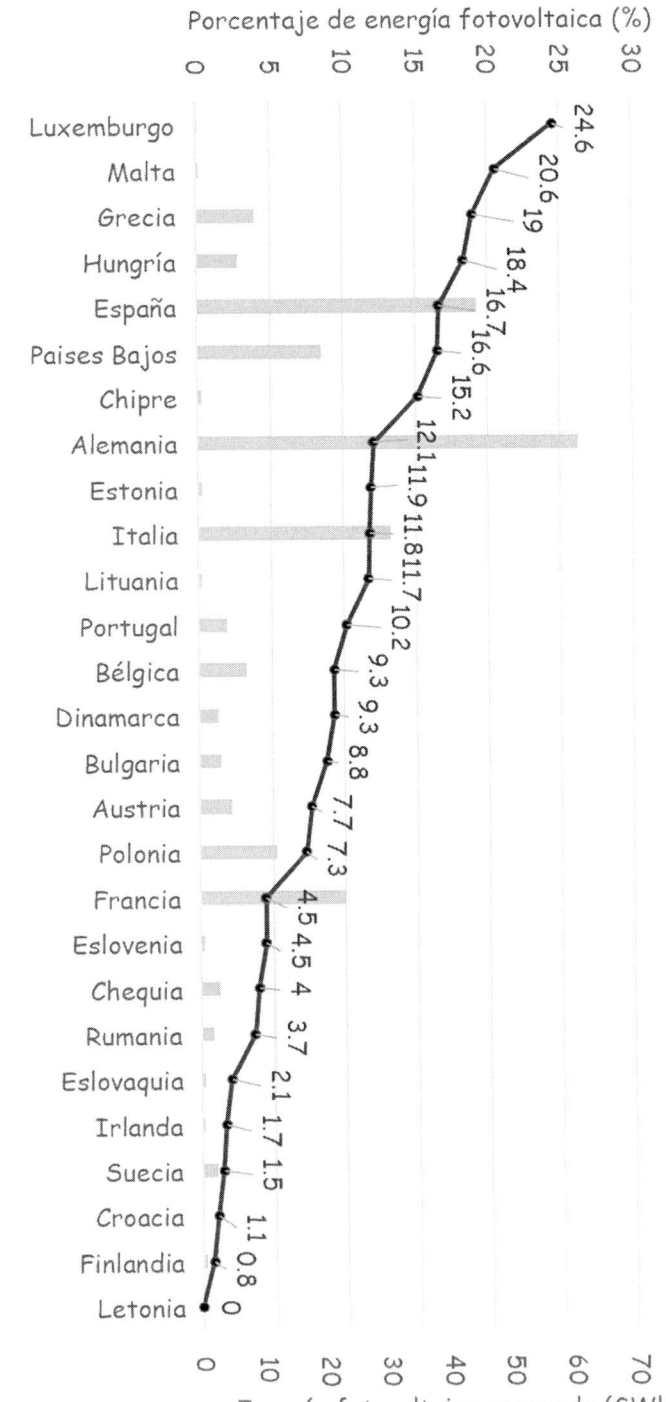

Generación fotovoltaica en la Unión Europea

Porcentaje de energía fotovoltaica (%)

Luxemburgo	24.6
Malta	20.6
Grecia	19
Hungría	18.4
España	16.7
Paises Bajos	16.6
Chipre	15.2
Alemania	12.1
Estonia	11.9
Italia	11.8
Lituania	11.7
Portugal	10.2
Bélgica	9.3
Dinamarca	9.3
Bulgaria	8.8
Austria	7.7
Polonia	7.3
Francia	4.5
Eslovenia	4
Chequia	3.7
Rumania	2.1
Eslovaquia	1.7
Irlanda	1.5
Suecia	1.1
Croacia	0.8
Finlandia	0
Letonia	

Energía fotovoltaica generada (GWh)

Energía generada

% Sobre la generación

Europa apuesta fuertemente por la fotovoltaica. Solo entre Alemania, España e Italia se supera la capacidad instalada en Estados Unidos, mientras que la población de los tres países es algo menos de la mitad que la del país americano. Las políticas energéticas de la Unión Europea quieren colocar a las naciones de la Unión a la cabeza de la transición energética no solo para reducir su dependencia de los combustibles fósiles, sino también para proporcionar una electricidad más barata y mejorar la competitividad de las industrias europeas.

La carrera por el desarrollo de la fotovoltaica permitió la aparición durante la primera década del presente siglo de numerosas empresas centradas en la obtención de silicio de calidad para la fabricación de células y módulos. Los gobiernos europeos trataron de impulsar estas nuevas tecnologías, pero la crisis financiera de 2008 supuso un fuerte varapalo para la naciente industria fotovoltaica europea, que vio cómo en pocos años desapareció la financiación y muchas de estas nuevas compañías se disolvieron.

No obstante, parte de estas organizaciones lograron sobrevivir a la crisis. Hoy en día, la inmensa mayoría de las empresas europeas de fotovoltaica trabajan en la construcción de módulos como Solarwelt, en Alemania, o ExaSun, en Países Bajos, la fabricación de inversores, como la checa Fronius, o en la instalación de plantas de generación. La fabricación de células es reducida, ya que en cuanto a costes no pueden competir con el silicio de China y tampoco existe aún una tecnología comercial que pueda plantearse como alternativa al silicio (como el caso de Estados Unidos y el CdTe).

La mayoría de los fabricantes de módulos europeos importan las células desde Asia. Este hecho coloca a las empresas en una situación de clara dependencia exterior, especialmente de China, lo que supone un factor de riesgo que podría dificultar el cumplimiento de los objetivos en materia de energía. No obstante, aún existen algunos productores de células, como la compañía suiza Meyer

Burger, con una producción en 2023 de 1,4 GW de células de silicio localizada en Alemania [47].

La crisis de la Pandemia Mundial por el COVID-19 en 2020 y acontecimientos recientes como la Guerra de Ucrania en 2022, han puesto de manifiesto la importancia de ser capaces de generar energía eléctrica sin depender, al menos no tanto, de países localizados fuera de Europa. Por este motivo, la UE busca incentivar la investigación y el desarrollo de nuevas tecnologías, y que las cadenas de producción se localicen en territorio europeo a través del desarrollo de un marco regulatorio y económico que incentive la inversión.

Prueba de ello es la aprobación del Pacto Verde Europeo (PVE) en el año 2020, con el objetivo de alcanzar la neutralidad climática en 2050. Además, enfocados a favorecer el tejido industrial europeo y en un paralelismo con las políticas aplicadas en Estados Unidos o China, la presidenta de la Comisión Europea, Úrsula Von der Leyen, anunció en 2023 el Plan Industrial del Pacto Verde y propuso crear el Club de Materias Primas Críticas.

El objetivo de estas políticas es establecer un entorno colaborativo, trabajando con socios de ideas afines, con la meta de diversificar los suministros de materiales esenciales y reducir la dependencia del exterior. También no podemos dejar sin mencionar los fondos Next Generation EU, con un importe de 750.000 millones de euros orientados a impulsar la recuperación económica tras la pandemia, o el programa Horizonte Europa, con un presupuesto de 95.517 millones de euros para mejorar las bases científico-tecnológicas y la competitividad de la industria en los Estados miembros.

---

47. EU Market Outlook for Solar Power 2023-2027 - SolarPower Europe. https://www.solarpowereurope.org/insights/outlooks/eu-market-outlook-for-solar-power-2023-2027/detail#eu-solar-markets-2023-eu-solar-market-prospects-2024-2027.

Estas medidas favorecen que las empresas europeas apuesten de nuevo por la investigación y el desarrollo de tecnologías de generación como la solar fotovoltaica. Lo cierto es que existe un enorme potencial dentro del continente para situarse de nuevo a la vanguardia tecnológica, con empresas que podrían jugar un papel importante. Un ejemplo puede ser la italiana Enel, que dispone de tecnología para fabricar sus propias células, y otro la británica Oxford PV, un ejemplo en la producción de componentes con las tecnologías que podríamos usar en el futuro, en su caso con módulos fotovoltaicos de perovskita.

Otro aspecto positivo de la fotovoltaica europea es el gran conocimiento y la conexión existente entre los grandes centros de investigación y desarrollo del continente. Estas instituciones que fueron pioneras a nivel mundial deben dar un paso al frente para el renacer de la industria fotovoltaica europea. Los fabricantes dependen de grandes especialistas que trabajan en centros de investigación tales como el Austrian Institute of Technology de Austria, el Interuniversity Microelectronics Centre de Bélgica, Fraunhofer Institute of Solar Energy y ZSW en Alemania, o L'Institute Photovoltaique d'Ile-de-France en Francia entre otros. Es necesario que empresas y centros de investigación compartan objetivos y trabajen codo con codo para que las políticas y marcos regulatorios favorables se traduzcan en soluciones para la sociedad europea.

España, un país con mucho sol

Seguro que se plantean que la energía solar fotovoltaica es ideal para desarrollarse en un país como España. Las razones parecen evidentes: la principal, es la gran cantidad de horas de sol que tenemos en la mayor parte de la Península Ibérica, así como la disponibilidad de espacio, al ser el segundo país en superficie de la Unión Europea, y el cuarto si consideramos Europa en su conjunto. En línea con estos hechos, la apuesta por la fotovoltaica en España es fuerte, y así lo recoge el Plan Nacional de Energía y Clima (PNIEC), [48] que prevé un crecimiento de la potencia fotovoltaica instalada de los 39 GW actuales a 76 GW en 2030. España fue en 2023 el séptimo país del mundo en cantidad de energía generada con fotovoltaica, suponiendo el 16,7 % del mix eléctrico del país, un porcentaje que ha ido creciendo considerablemente en los últimos años. Es tal el crecimiento de la fotovoltaica en España, que en algunos días ya llega a ser la principal fuente de energía del sistema eléctrico, cubriendo en torno al 50 % de la demanda.

Si recuerdan el capítulo anterior, cuando hablábamos del régimen retributivo especial de la primera década del siglo XXI, esta legislación ayudó a que España se convirtiera durante aquellos años en el líder mundial de la fotovoltaica. El camino ya se había iniciado años atrás, con la aparición de centros pioneros de investigación como el Instituto de Energía Solar, fundado en 1979, perteneciente a la Universidad Politécnica de Madrid. De esta institución surgieron empresas tales como Isofotón en 1981, fabricantes de células solares bifaciales (que usan las dos caras de la célula para generar energía), o el instituto ISFOC, centrado en explotar la fotovoltaica de concentración, que empleaba lentes para concentrar la radiación solar y así generar energía con menor cantidad de células. En 1984 se instaló la primera planta piloto de 100 kW en San Agustín de Guadalix, operada por la empresa Iberdrola. En los años 90 se siguieron implementando pequeñas instalaciones.

El crecimiento del número de plantas generadoras implicó que fuese necesario desarrollar una legislación para regular la producción de energía con fuentes renovables. Fue en 1998 cuando el gobierno de José María Aznar estableció el RD 2818/1998, donde se definían las primas de generación renovable para las instalaciones. De esta manera, España se sumaba a las iniciativas del resto de los países europeos, tratando de potenciar esta tecnología. Dos años más tarde, con el RD 1663/2000, se establecieron las condiciones administrativas y técnicas de las plantas de generación, suponiendo el comienzo de la actividad comercial de las plantas fotovoltaicas. El verdadero marco regulador se estableció años más tarde con el RD 436/2004 y el famoso RD 661/2007, ya con José Luis Rodríguez Zapatero.

La legislación favorable fue clave para convertir a España en el referente mundial de la industria fotovoltaica. En aquellos años existían empresas dedicadas a la fabricación de células como BP Solar España o Isofotón, centradas en el uso del silicio, o Guascor Foton y Sol3G, que fabricaban dispositivos para fotovoltaica de concentración. Sin embargo, el tejido industrial creado en este "Boom" del sector no prosperó debido al cambio drástico de políticas motivadas por la crisis financiera iniciada en 2008. En pocos años, las retribuciones prometidas no solo a las plantas de energía solar, sino también a cualquier renovable, desaparecieron y con ello la rentabilidad del negocio, causando el cese de actividad de muchas de las empresas.

---

48. Plan Nacional Integrado de Energía y Clima (PNIEC 2023-2030). Ministerio para la Transición Ecológica y el Reto Demográfico https://www.miteco.gob.es/es/energia/estrategia-normativa/pniec-23-30.html.

Los años posteriores a la crisis fueron complicados para el sector fotovoltaico. El RD 1/2012 del gobierno de Mariano Rajoy acabó con las retribuciones especiales a la generación renovable, que por aquel entonces no podían competir en coste con las otras tecnologías, frenando en seco la instalación de plantas fotovoltaicas. Esta medida respondía a las políticas de austeridad implementadas para paliar los efectos de la crisis. Pero sin duda la regulación más polémica fue el RD 900/2015, conocido popularmente como "Impuesto al Sol", por el cual se impuso un peaje a las instalaciones de autoconsumo e introdujo la imposibilidad de verter la potencia generada a la red para luego recuperarla, desmotivando la inversión en este tipo de instalaciones.

Estos años complicados para el sector fotovoltaico han quedado atrás. Actualmente, podríamos afirmar que estamos ante un segundo "Boom" de la fotovoltaica en España, no obstante, con unas características muy distintas al de 2008. Para empezar, el grado de madurez de la tecnología fotovoltaica es tal que no es necesario garantizar una rentabilidad de operación de las plantas. El marco regulatorio es más favorable, tanto por las intenciones de aumentar el peso de la fotovoltaica en el mix eléctrico, la derogación del "Impuesto al Sol" en 2018, o las ayudas a particulares para instalaciones de autoconsumo. Prueba de ello es la puesta en operación de dos de las mayores plantas de fotovoltaica de Europa, como la planta Núñez de Balboa en Extremadura, con una potencia instalada de 500 MW, o el parque solar Escatrón-Chiprana-Samper en Aragón, con una capacidad de 850 MW.

Además, hay un aspecto claramente distinto entre el sector fotovoltaico español de 2025 y el de 2008. Al igual que en otros países de Europa, la mayoría de las compañías que trabajan con fotovoltaica son diseñadores de plantas o instaladores, ya que los componentes son importados mayoritariamente de Asia. Solo Solaico, es el único fabricante de módulos, pero no de células, y también existen en España fabricantes de componentes auxiliares como inversores. En este aspecto, la industria fotovoltaica española puede beneficiarse de las políticas y fondos anunciados por la Unión Europea mencionados en la sección anterior, que pueden ayudar al surgimiento de nuevas compañías o a recuperar la actividad de aquellas que aparecieron en su momento.

Pese a que la industria fotovoltaica española ha perdido gran parte de su capacidad y potencial, creo que lo que sí preserva el país es el conocimiento sobre esta tecnología. Este se encuentra en los centros de investigación donde, en su día, los pioneros de la fotovoltaica dieron los primeros pasos para transformar los artículos científicos y las tesis doctorales en realidades aplicables al mundo actual. Es necesario que la investigación y las empresas del sector vayan de la mano para lograr el resurgir de un tejido industrial competitivo y que España sea otra vez un referente mundial en esta tecnología.

La importancia de la fotovoltaica en los países en vías de desarrollo

Hemos visto el papel importante que jugará y juega China en el sector fotovoltaico, y cómo los pioneros, Estados Unidos y los países europeos, buscan reactivar su industria, reducir su dependencia y volver a ser referentes a nivel tecnológico. Sin embargo, el mundo es enorme y la situación socioeconómica de las naciones que lo forman es muy variada. Mientras en Europa, Norteamérica, Australia, China, Japón o Corea del Sur, se plantean desafíos como la descarbonización del sector eléctrico, en muchos otros lugares ni siquiera se ha logrado proporcionar una conexión eléctrica estable a toda la población. El desafío en estos casos es doble, ya que no se trata de una transición energética hacia otras fuentes de energía, sino de crear una red de suministro nueva y creciente en demanda. No obstante, desde mi punto de vista personal, creo que este contexto es a la vez una oportunidad para que estos países desarrollen un mix eléctrico libre de emisiones y de bajo coste.

Según datos de la IEA, en 2024 había unos 740 millones de personas en el mundo sin acceso a electricidad. Aunque esta cifra se ha reducido desde 2010 principalmente por el desarrollo de la red eléctrica en los países del sudeste asiático como India o Indonesia, en la zona del África subsahariana (excluyendo Sudáfrica) el progreso es reducido, siendo todavía 600 millones de personas las que no disponen de energía eléctrica en el continente. Esto supone un 80 % de la población de la región y las perspectivas de acuerdo con las tendencias actuales no son muy positivas. Aunque países como Nigeria, Uganda o Ghana han realizado mayores progresos duplicando el número de puntos de conexión entre 2020 y 2023, queda aún mucho trabajo por delante [49].

La energía solar fotovoltaica puede jugar un papel crucial en el desarrollo de los países, puesto que, como hemos mencionado muchas veces, es una de las tecnologías de generación más baratas hoy en día. Esto permitiría el proporcionar energía limpia y económica en muchas localizaciones del mundo. Además, muchos de los países en vías de desarrollo se encuentran en regiones que disponen de un abundante recurso solar.

La fotovoltaica es ideal para emplearse en instalaciones aisladas de la red eléctrica. Gracias a ella se puede proporcionar energía en áreas remotas o difícilmente accesibles, incluso como una solución temporal hasta el desarrollo completo de la red. Estos sistemas podrían proporcionar potencia para alimentar sistemas de bombeo, suministrar agua potable y alimentar las cocinas o aparatos que permitan conservar en frío los alimentos, algo que puede parecer sencillo, pero de lo que carece un porcentaje nada despreciable de la población mundial.

49. Electricity access continues to improve in 2024 - after first global setback in decades – Analysis. IEA https://www.iea.org/commentaries/electricity-access-continues-to-improve-in-2024-after-first-global-setback-in-decades (2024).

Un ejemplo del empleo de la fotovoltaica en áreas remotas son los llamados *Solar Home Systems* (SHS). Se trata de pequeñas instalaciones en comparación con los parques fotovoltaicos convencionales. Estos sistemas supusieron en 2023 la tercera parte de las nuevas conexiones en el África subsahariana, proporcionando electricidad al 4 % de la población. Los SHS también realizan una función de soporte, actuando cuando se producen cortes de suministro en la red.

Como ven, algo que nos puede parecer tan común como darle a un interruptor para encender la luz, es impensable en muchos lugares del mundo. Para universalizar el acceso a la red eléctrica es necesaria una colaboración estrecha entre los países productores de las tecnologías de generación y los que necesitan implementarlas. La energía solar fotovoltaica está probando ser un enorme aliado en el desarrollo de los sistemas eléctricos, tanto por su disponibilidad como por la poca cantidad de recursos necesarios para su instalación si la comparamos con otras tecnologías.

Reflexión personal

La energía solar fotovoltaica es una tecnología de enorme importancia no solo en el presente, sino que su relevancia será aún mayor en el futuro. Se trata de una herramienta que permite valernos de la enorme cantidad de energía irradiada por nuestra estrella para satisfacer nuestras necesidades diarias de electricidad. El peso de la fotovoltaica es cada vez mayor en los sistemas eléctricos de los países, no solo por su carácter de energía limpia, sino también por sus reducidos costes de implementación que la convierten en una opción asequible y de rápida instalación. Este último aspecto puede ser de gran importancia, sobre todo en el desarrollo de las redes eléctricas de países donde todavía muchos de sus hogares carecen de suministro estable.

El futuro de la fotovoltaica es prometedor, pero también plantea varias cuestiones a resolver. Existe un claro desequilibrio en lo respectivo a la fabricación de dispositivos, donde China es el principal productor mundial, mientras que los líderes de la primera era de la fotovoltaica, Estados Unidos y la Unión Europea, parecen haberse quedado rezagados. Este contexto plantea riesgos en las cadenas de suministro y situaciones de dependencia comercial, por lo que considero que es necesario que se potencie el desarrollo de tecnologías propias.

También es un reto enorme el gestionar la producción de la energía y el cómo adaptar la generación fotovoltaica al consumo diario. Atajar tal desafío no depende solo de la fotovoltaica, también necesitamos el desarrollo de sistemas de almacenamiento a gran escala para gestionar la energía producida. También son necesarios los instrumentos de creación de mercados de capacidad para las tecnologías de almacenamiento, para de esta manera aumentar el interés de los inversores.

Aunque el silicio podríamos decir que es "la vieja confiable" de la fotovoltaica, el desarrollo de nuevas aplicaciones más allá de los módulos convencionales abre la puerta al empleo de nuevos materiales y células que se encuentran actualmente en fase experimental en los laboratorios de los centros de investigación. Dispositivos flexibles, presentes en vehículos, ventanas fotovoltaicas e incluso tejidos con dispositivos generadores, son algunas de las ideas más vanguardistas con las que se trabajan y que quizá no quede mucho para poder verlas en las calles, los edificios o prendas de vestir.

Podríamos concluir que el futuro tanto de la fotovoltaica como del sector eléctrico en general plantea retos y problemas, pero a la vez oportunidades y soluciones. El seguir avanzando en materia de ciencia e innovación es la mejor apuesta para afrontar tanto la realidad actual como lo que está por venir. Quizá no sean ustedes conscientes, pero en un país como el nuestro tenemos la suerte de tener profesionales que tienen mucho que aportar a la sociedad. Por lo que me gustaría cerrar estas líneas de este último capítulo reivindicando la importancia de la ciencia y la investigación, no solo en fotovoltaica, sino en todas las disciplinas existentes.

La ciencia nos ha permitido progresar como sociedad, tener una vida con más comodidades y comprender el mundo que nos rodea. No olvidemos nunca el papel tan relevante de los científicos como generadores de conocimiento, un conocimiento que ponen a disposición del progreso y de la sociedad. No lo olviden amigos, sin ciencia no hay futuro.

Glosario de términos

Átomo: Unidad básica de composición de toda la materia. Los átomos se caracterizan por el número de subpartículas que los componen: protones, neutrones y electrones.

Banda de conducción: En un semiconductor es el nivel de energía asociado a los electrones libres.

Banda prohibida o gap: Distancia en unidades de energía entre la banda de valencia y la banda de conducción de un semiconductor.

Banda de valencia: En un semiconductor es el nivel de energía asociado a los electrones de valencia y a los huecos.

Capa antirreflectante: Capa delgada de un material transparente que ayuda a reducir la cantidad de radiación reflejada sobre la superficie de un material.

Células de película delgada o thin film: Células solares de espesor muy reducido, entre una y cuatro micras e incluso menos, fabricadas a través de la deposición de materiales sobre un substrato base que puede ser un vidrio, un metal o incluso un polímero. Entre ellas encontramos las células de CdTe, el silicio amorfo o las CIGS.

Contactos eléctricos: Parte de la célula fotovoltaica formada por metales u óxidos conductores encargada de extraer las cargas eléctricas de los semiconductores.

Corriente o intensidad eléctrica: Cantidad de cargas eléctricas que fluyen entre dos puntos, entre los cuales existe una diferencia de potencial eléctrico.

Corriente de cortocircuito: Corriente proporcionada por una célula solar o módulo iluminado cuando se conecta en un circuito en ausencia de polarización externa.

Curva *I-V*: Representación gráfica de la relación entre el voltaje al que se polariza un elemento y la corriente que circula por él.

Deposición química en fase vapor (CVD): Técnica de fabricación de materiales en la cual los átomos se depositan uno a uno sobre una superficie a través de una reacción química en condiciones controladas. Este es un proceso igual que la deposición MOCVD, solo que este hace referencia directa al tipo de moléculas precursoras empleadas.

Diagrama de bandas: Representación esquemática de los niveles de energía en los que pueden encontrarse los electrones de un material.

Diodo de bypass: Elemento interno de los módulos fotovoltaicos que permite aislar un conjunto de células que no estén funcionando adecuadamente, por estar dañadas o sombreadas, para garantizar un buen comportamiento del conjunto.

Efecto Joule: Fenómeno irreversible en el que parte de la energía asociada al movimiento de los electrones en un material se pierde en forma de calor por la resistencia ofrecida por el material al flujo de corriente.

Electrón: Partícula elemental con carga eléctrica y su carga es negativa por definición. La corriente eléctrica es resultado del flujo de electrones.

Electrón de valencia: Aquellos electrones que se encuentran en la capa más externa de la corteza electrónica alrededor del núcleo atómico.

Energía primaria: Referente a cualquier fuente de energía empleada, ya sea en la producción de electricidad, calor, uso en medios de transporte o en procesos industriales.

Enlace covalente: Tipo de enlace entre átomos en el cual comparten electrones formando moléculas químicamente estables. Es típico de los átomos no metálicos.

Enlace metálico: Tipo de enlace en el que los átomos aportan sus electrones de valencia que fluyen con facilidad a través de la red atómica. Es típico de los átomos metálicos.

Epitaxial: Referente al crecimiento de materiales tal que la estructura del material que actúa de sustrato debe mantenerse en todas las capas subsiguientes depositadas encima de él.

Espectro electromagnético: Conjunto de todos los tipos de radiación electromagnética presentes en el universo.

Espectro o radiación solar: Conjunto de ondas electromagnéticas emitidas por el Sol, el cual abarca desde los 280 nm hasta aproximadamente los 4.000 nm de longitud de onda.

Factor de carga: Relación entre la producción de energía de una instalación y la que podría producir funcionando al 100 % de su capacidad en un periodo determinado de tiempo.

Factor de forma: Coeficiente que relaciona la potencia máxima real proporcionada por una célula solar y su potencia máxima teórica. Está relacionado con la eficiencia de los dispositivos.

Fotón: Partícula elemental de la cual se compone cualquier tipo de onda electromagnética. Son partículas carentes de masa y carga eléctrica y cuya energía depende de las características de la onda electromagnética que conforman.

Fotovoltaica de concentración (CPV): Tecnología que emplea sistemas ópticos para concentrar la radiación solar sobre una pequeña área. Esto permite incrementar la potencia incidente y con ello la generación de energía por unidad de área.

Frecuencia: Número de oscilaciones de una onda por segundo. Se mide en hercios (Hz).

Hueco: Es el espacio generado por un electrón en la banda de valencia cuando este alcanza la banda de conducción. Debido a que es la ausencia de un electrón en una posición determinada, puede afirmarse que tiene una carga eléctrica opuesta a la de este, es decir, positiva.

Ion: Átomo con carga eléctrica no neutra, porque o bien ha perdido electrones (cationes con carga positiva) o ha ganado electrones (aniones con carga negativa).

Índice de refracción: Propiedad física de los materiales relacionada con la reflexión, la transmisión y la absorción de las ondas electromagnéticas en su interior y superficie.

Inversor: Aparato electrónico que transforma la corriente continua en alterna, invirtiendo de forma controlada la polaridad, con una magnitud y una frecuencia estipulada por el usuario.

Irradiancia: Cantidad de potencia incidente por unidad de superficie suministrada por una fuente de radiación electromagnética.

Laminación: Proceso en el cual se encapsula completamente la estructura de un módulo fotovoltaico con EVA, una capa de vidrio delantera y otra trasera de vidrio u otro material. A través de la aplicación de calor, el conjunto queda sellado y compacto.

LCA: Estudio acerca de los recursos consumidos y las emisiones asociadas a un producto o proceso, considerando su concepción, desarrollo y deposición.

LCOE: Parámetro que determina el coste de implantación y uso de una tecnología de generación eléctrica por unidad de energía producida.

Límite Shockley-Queisser: Límite de eficiencia teórico de una unión PN.

Lixiviación: Proceso de separación de materiales que consiste en disolver una mezcla de sólidos en un disolvente para formar compuestos secundarios más fácilmente separables.

Longitud de onda: Distancia recorrida por una partícula dentro de una onda al realizar una oscilación completa.

Masa de aire: Cantidad de atmósfera que debe atravesar la radiación solar para llegar a la superficie terrestre. Cuando la luz solar incide de forma totalmente perpendicular sobre la superficie, el valor es aproximadamente igual a 1.

Materiales III-V: Aquellos semiconductores constituidos a partir de elementos de los grupos 13 y 15 de la tabla periódica como el galio, el arsénico, el indio, o el fósforo.

Mix eléctrico: Estructura de generación eléctrica de un país o región expresada en porcentajes de participación de cada fuente de energía.

Multiunión: Célula fotovoltaica conformada por la unión vertical de múltiples subcélulas diferentes. Entre las multiuniones destacamos las de materiales III-V.

Onda electromagnética: Es un campo electromagnético variable que se propaga a través del vacío o de un medio. En el vacío se propagan a la velocidad de la luz.

Perovskita: Tipo de estructura cristalográfica presente en el mineral homónimo. En fotovoltaica se refiere a materiales semiconductores con dicha estructura.

Portadores de carga: En un semiconductor, referente a los electrones libres y huecos presentes en su estructura electrónica.

Potencia: Magnitud física que determina la cantidad de trabajo realizado por unidad de tiempo. En lo referente a la potencia eléctrica, es el resultado del producto del voltaje por la corriente de trabajo.

Punto caliente: Zona del módulo fotovoltaico donde se disipa parte de la energía generada en forma de calor. Puede deberse a varias causas como defectos en las células, el conexionado o sombreados. Tienen un impacto negativo en la estructura al reducir su eficiencia y acelerar su degradación.

Radiación: Referente al proceso de transmisión de energía a través de ondas electromagnéticas. Muchos elementos son fuentes de radiación, desde una bombilla que emite luz principalmente, hasta los propios seres vivos, que emiten calor en forma de radiación infrarroja.

Radiación difusa: Referente a la radiación solar que incide en una superficie tras rebotar en otras o ser dispersada por la atmósfera.

Radiación directa: Referente a la radiación solar que incide de directamente sobre una superficie.

Radiación infrarroja: Referente a la radiación electromagnética con longitudes de onda mayores a la del color rojo (700 nm). Esta radiación es emitida principalmente por cuerpos que se encuentran a cierta temperatura.

Radiación ultravioleta: Referente a la radiación electromagnética con longitudes de onda inferiores a las del color añil (400 nm). Esta radiación es emitida por cuerpos a temperaturas del orden de varios miles de grados.

Recombinación: Proceso inverso a la generación de un par electrón-hueco. En el proceso se aniquilan portadores de carga. Un electrón de la banda de conducción acaba cayendo a la de conducción ocupando un hueco.

Recurso solar: Cantidad de energía irradiada por unidad de superficie en una localización geográfica.

Red cristalográfica: Forma ordenada en la que se distribuyen los átomos de un material en el espacio, de forma que la estructura del material es resultado de la repetición del mismo patrón de red en las tres dimensiones espaciales.

Semiconductor extrínseco o dopado: Aquel semiconductor en el que se han introducido átomos dopantes para aumentar su cantidad de huecos o de electrones libres.

Semiconductor intrínseco: Aquel semiconductor puro donde no se ha introducido ningún dopante para modificar la cantidad de cargas libres. En estos materiales el número de electrones libres y huecos es igual.

Silicio amorfo: Aquel silicio cuya estructura no presenta una ordenación de los átomos en el espacio. Se emplea en células solares de película delgada.

Silicio de grado metalúrgico o semiconductor: Referente al nivel de pureza del silicio tras su proceso productivo. El grado metalúrgico es obtenido tras el horno de arco, el semiconductor tras el proceso Siemens.

Tensión, voltaje o potencial: Magnitud física que cuantifica la diferencia de potencial eléctrico entre dos puntos. Es equivalente a la fuerza que impulsa el movimiento de las cargas eléctricas entre tales puntos.

Texturizado: Técnica de procesado para las superficies de una célula solar consistente en generar un relieve para reducir la reflexión de la luz e incrementar la absorción en consecuencia.

Unión túnel: Estructura formada por capas muy delgadas y dopadas de semiconductores que permiten el flujo de corriente entre las subcélulas de una multiunión.

Vatio pico (Wp): Unidad de medida empleada para expresar la potencia máxima que puede generar un módulo fotovoltaico en condiciones estándar de prueba (25 °C y una irradiancia de 1.000 W/m^2). Los valores de potencia de las instalaciones se suelen expresar en kilovatios pico kWp.

Voltaje de circuito abierto: Diferencia de potencial observada entre los terminales de una célula solar iluminada cuando está desconectada de un circuito eléctrico.

Zona de deplexión o vaciado: Región de la unión PN alrededor de la zona de contacto de ambos semiconductores, donde se han aniquilado la mayor parte de los portadores de carga y existe una barrera asociada a los iones presentes en la zona que impide el flujo de cargas mayoritarias.

Referencias

1. Bird, R. E. & Riordan, C. Simple Solar Spectral Model for Direct and Diffuse Irradiance on Horizontal and Tilted Planes at the Earth's Surface for Cloudless Atmospheres. *Journal of Climate and Applied Meteorology* **25**, 87–97 (1986).
2. Meteorología, A. E. de. Atlas de radiación solar en España - Agencia Estatal de Meteorología - AEMET. Gobierno de España. https://www.aemet.es/es/serviciosclimaticos/datosclimatologicos/atlas_radiacion_solar.
3. *Informe Anual de Consumos Energéticos.* (2019).
4. *Informe Del Sistema Eléctrico 2022.* https://www.sistemaelectrico-ree.es/informe-del-sistema-electrico (2023).
5. Marques Lameirinhas, R. A., Torres, J. P. N. & de Melo Cunha, J. P. A Photovoltaic Technology Review: History, Fundamentals and Applications. *Energies* **15**, 1823 (2022).
6. Haynes, W. M., Lide, D. R. & Bruno, T. J. *Abundance of Elements in the Earth's Crust and in the Sea, CRC Handbook of Chemistry and Physics.* vol. 97 (Taylor & Francis group, CRC Press, Boca Raton, FL, 2016).
7. The theory of p-n junctions in semiconductors and p-n junction transistors. https://ieeexplore.ieee.org/document/6773080.
8. First Practical Silicon Solar Cell. https://www.aps.org/apsnews/2009/04/bell-labs-silicon-solar-cell.
9. Longi claims world's highest efficiency for silicon solar cells. *pv magazine International* https://www.pv-magazine.com/2022/11/21/longi-claims-worlds-highest-silicon-solar-cell-efficiency/ (2022).
10. Shockley, W. & Queisser, H. J. Detailed Balance Limit of Efficiency of p-n Junction Solar Cells. *Journal of Applied Physics* **32**, 510–519 (1961).
11. Maxeon Sets Another Solar Panel Efficiency Benchmark and Achieves Leading Reliability Certification - Mar 21, 2024. https://mediaroom.maxeon.com/2024-03-21-Maxeon-Sets-Another-

Referencias

Solar-Panel-Efficiency-Benchmark-and-Achieves-Leading-Reliability-Certification.

12. *Third Generation Photovoltaics*. vol. 12 (Springer Berlin Heidelberg, 2006).

13. Riordan, M. & Hoddeson, L. Crystal fire: the invention, development and impact of the transistor. *IEEE Solid-State Circuits Society Newsletter* **12**, 24–29 (2007).

14. Tobías, I., del Cañizo, C. & Alonso, J. Crystalline Silicon Solar Cells and Modules. in *Handbook of Photovoltaic Science and Engineering* 265–313 (John Wiley & Sons, Ltd, 2010). doi:10.1002/9780470974704.ch7.

15. Yang, R., Lee, C.-H., Cui, B. & Sazonov, A. Flexible semi-transparent a-Si:H pin solar cells for functional energy-harvesting applications. *Materials Science and Engineering: B* **229**, 1–5 (2018).

16. Matsui, T. *et al.* High-efficiency amorphous silicon solar cells: Impact of deposition rate on metastability. *Applied Physics Letters* **106**, 053901 (2015).

17. Fraunhofer ISE Develops the World's Most Efficient Solar Cell with 47.6 Percent Efficiency - Fraunhofer ISE. *Fraunhofer Institute for Solar Energy Systems ISE* https://www.ise.fraunhofer.de/en/press-media/press-releases/2022/fraunhofer-ise-develops-the-worlds-most-efficient-solar-cell-with-47-comma-6-percent-efficiency.html (2022).

18. Phillips, S. & Warmuth, W. *Photovoltaics Report*. https://www.ise.fraunhofer.de/de/veroeffentlichungen/studien/photovoltaics-report.html (2023).

19. Wikoff, H. M., Reese, S. B. & Reese, M. O. Embodied energy and carbon from the manufacture of cadmium telluride and silicon photovoltaics. *Joule* **6**, 1710–1725 (2022).

20. Lewis, M. First Solar to build the Western Hemisphere's largest solar R&D center. *Electrek* https://electrek.co/2024/07/18/first-solar-to-build-the-western-hemispheres-largest-solar-rd-center/ (2024).

21. Fthenakis, V. M. Life cycle impact analysis of cadmium in CdTe PV production. *Renewable and Sustainable Energy Reviews* **8**, 303–334 (2004).

22. Presentan una célula solar CIGS con una eficiencia récord mundial del 23,64%. *pv magazine España* https://www.pv-

magazine.es/2024/03/07/presentan-una-celula-solar-cigs-con-una-eficiencia-record-mundial-del-2364/ (2024).

23. What Are CIGS Thin-Film Solar Panels? When to Use Them? *Solar Magazine* https://solarmagazine.com/solar-panels/cigs-thin-film-solar-panels/.

24. Thu. CIGS cells could hit efficiencies of 33%, say Germany scientists. *pv magazine International* https://www.pv-magazine.com/2020/10/09/cigs-cells-could-hit-efficiencies-of-33-say-germany-scientists/ (2020).

25. Kojima, A., Teshima, K., Shirai, Y. & Miyasaka, T. Organometal Halide Perovskites as Visible-Light Sensitizers for Photovoltaic Cells. *J. Am. Chem. Soc.* **131**, 6050–6051 (2009).

26. USTC Set New Record in Perovskite Cell Efficiency-University of Science and Technology of China. https://en.ustc.edu.cn/info/1007/4676.htm.

27. Jan. 4, 1903: Edison Fries an Elephant to Prove His Point | WIRED. https://www.wired.com/2008/01/dayintech-0104/.

28. Heath, G. A. *et al.* Research and development priorities for silicon photovoltaic module recycling to support a circular economy. *Nat Energy* **5**, 502–510 (2020).

29. Joint Research Centre (European Commission) *et al. Analysis of Material Recovery from Photovoltaic Panels.* (Publications Office of the European Union, 2016).

30. Sproul & Green, M. A. Improved value for the silicon intrinsic carrier concentration from 275 to 375 K. *Journal of Applied Physics* **70**, 846–854 (1991).

31. Pérez, E. La mayor planta fotovoltaica de Europa está en Badajoz: así es Núñez de Balboa, con 500 MW y más de 1.400.000 paneles solares. *Xataka* https://www.xataka.com/energia/mayor-planta-fotovoltaica-europa-esta-badajoz-asi-nunez-balboa-500-mw-1-400-000-paneles-solares (2020).

32. Sector agrícola y ganadero. *Ministerio para la Transición Ecológica y el Reto Demográfico* https://www.miteco.gob.es/es/cambio-climatico/temas/mitigacion-politicas-y-medidas/agricola.html.

Referencias

33. Mamun, M. A. A., Dargusch, P., Wadley, D., Zulkarnain, N. A. & Aziz, A. A. A review of research on agrivoltaic systems. *Renewable and Sustainable Energy Reviews* **161**, 112351 (2022).

34. Pörtner, H. O. *et al. Climate Change 2022: Impacts, Adaptation and Vulnerability. Contribution of Working Group II to the Sixth Assessment Report of the Intergovernmental Panel on Climate Change.* https://www.ipcc.ch/report/ar6/wg2/ (2022).

35. Life Cycle Assessment of Electricity Generation Options | UNECE. https://unece.org/sed/documents/2021/10/reports/life-cycle-assessment-electricity-generation-options.

36. Visser, E., Perold, V., Ralston-Paton, S., Cardenal, A. C. & Ryan, P. G. Assessing the impacts of a utility-scale photovoltaic solar energy facility on birds in the Northern Cape, South Africa. *Renewable Energy* **133**, 1285–1294 (2019).

37. Loss, S. R., Will, T. & Marra, P. P. The impact of free-ranging domestic cats on wildlife of the United States. *Nat Commun* **4**, 1396 (2013).

38. Outdoor Cats: Single Greatest Source of Human-Caused Mortality for Birds and Mammals, Says New Study. *American Bird Conservancy* https://abcbirds.org/article/outdoor-cats-single-greatest-source-of-human-caused-mortality-for-birds-and-mammals-says-new-study/.

39. Golawski, A., Mitrus, C. & Jankowiak, Ł. Increased bird diversity around small-scale solar energy plants in agricultural landscape. *Agriculture, Ecosystems & Environment* **379**, 109361 (2025).

40. *World Energy Outlook 2022. License: CC BY 4.0 (Report); CC BY NC SA 4.0 (Chapter 3).* https://www.iea.org/reports/world-energy-outlook-2022 (2022).

41. Energy Transition Outlook. *DNV* https://www.dnv.com/energy-transition-outlook/.

42. International Energy Outlook 2023 - U.S. Energy Information Administration (EIA). https://www.eia.gov/outlooks/ieo/index.php.

43. Rashedi, A. & Khanam, T. Life cycle assessment of most widely adopted solar photovoltaic energy technologies by mid-point and end-point indicators of ReCiPe method. *Environ Sci Pollut Res* **27**, 29075–29090 (2020).

44. PV Manufacturing & Technology Quarterly Report. *Solar Media* https://marketresearch.solarmedia.co.uk/reports/pv-manufacturing-technology-quarterly-report-5/.

45. Feldman, D. *et al. Spring 2024 Solar Industry Update.* NREL/PR--7A40-90042, 2376145, MainId:91820 https://www.osti.gov/servlets/purl/2376145/ (2024) doi:10.2172/2376145.

46. European Electricity Review 2024. *Ember* https://ember-energy.org/latest-insights/european-electricity-review-2024.

47. EU Market Outlook for Solar Power 2023-2027 - SolarPower Europe. https://www.solarpowereurope.org/insights/outlooks/eu-market-outlook-for-solar-power-2023-2027/detail#eu-solar-markets-2023-eu-solar-market-prospects-2024-2027.

48. Plan Nacional Integrado de Energía y Clima (PNIEC 2023-2030). *Ministerio para la Transición Ecológica y el Reto Demográfico* https://www.miteco.gob.es/es/energia/estrategia-normativa/pniec-23-30.html.

49. Electricity access continues to improve in 2024 - after first global setback in decades – Analysis. *IEA* https://www.iea.org/commentaries/electricity-access-continues-to-improve-in-2024-after-first-global-setback-in-decades (2024).